George George Memorial Park
乔治・乔治纪念公园 148

Henry C. Beck, Jr. Park
小亨利贝克公园 156

Lakewood Garden Mausoleum & Lakewood Cemetery
莱克伍德公墓陵园 164

Memorial of Alpini
雷尼纪念碑 180

Memorial to Victims of Violence
暴力袭击受害者纪念公园 188

Minnesota Fallen Firefighters Memorial
明尼苏达消防员纪念园 198

Monument for the 150th Anniversary of the Battle of Puebla
普埃布拉战役150周年纪念公园 204

Monument to General Augier
奥吉尔将军纪念碑 212

Museo Del Acero Horno3, Monterrey, Mexico
墨西哥蒙特雷3号高炉钢铁博物馆 218

Washington Monument
华盛顿纪念碑 232

Fatherland Service Square
祖国服务广场 242

Holocaust Memorial
大屠杀纪念馆 254

Sharpeville Memorial Garden
沙佩威尔纪念花园 258

The Freedom Park
自由公园 268

Bunker 599
599掩体项目 280

NYC Aids Memorial Park
纽约艾滋病纪念公园参赛方案 286

Infinite Forest
无边森林——纽约艾滋病纪念公园获胜方案 292

San Francisco Veterans Memorial – Passage of Remembrance
旧金山退伍军人纪念公园——纪念通道 296

San Francisco Veterans Memorial – Wreath of Remembrance
旧金山退伍军人纪念公园——纪念花环 308

Memory's Body Sichuan Earthquake Memorial
四川地震纪念公园 314

参考文献 318

FRANKLIN DELANO ROOSEVELT
1882 – 1945

第1章　纪念性景观概述

主要起纪念和警示作用的景观，称为纪念性景观，一般是围绕着某个历史性主题而建造的。实际上，纪念性景观类似于主题公园，两者都是根据既定的主题进行设计的。纪念性景观主题可分为三大类：第一类是事件主题，如战争、重大突发灾难性事件、对人类历史发展有积极影响的事件等；第二类是人物主题，主要是为了纪念重要历史人物，如周邓纪念馆等；第三类是陵墓主题，如清朝的东陵和西陵、明朝十三陵等。

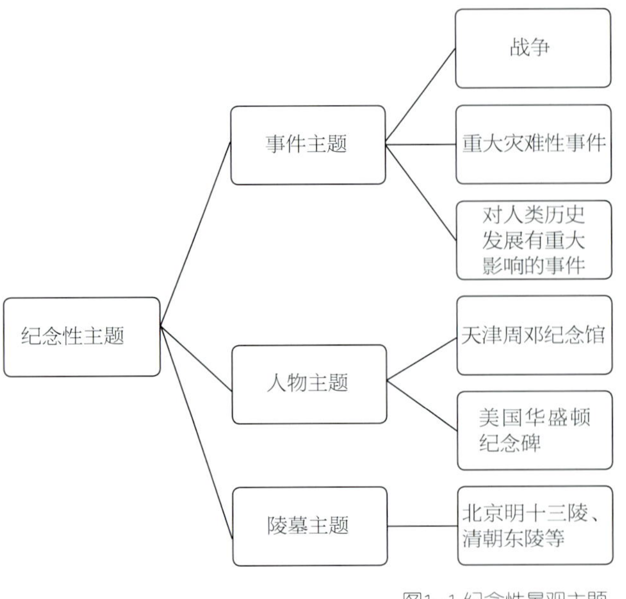

图1-1 纪念性景观主题

在我国，许多纪念性景观都强调突出建筑，归属于纪念性建筑。实际上，任何纪念性建筑都离不开景观。在这种情况下，建筑就类似于中国古典园林中的“厅堂”。明代造院大师计成曰：“凡园圃立基，定厅堂为主。”（出自《园冶》）

在国外，纪念性景观较普遍。而在国内，单纯的纪念性景观并不多，其大多与纪念性建筑联系在一起。当然，纪念性建筑离不开景观，只是观察侧重点不同罢了。国内外常见的纪念性景观和纪念性建筑汇总如下。

人物主题

江油李白纪念馆

四川省成都杜甫草堂

杭州苏东坡纪念馆

杭州胡雪岩故居

曲阜孔庙

韶山毛主席旧居陈列馆

南京梅园周恩来纪念馆

天津周邓纪念馆

淮安周恩来纪念馆

北京天安门广场毛主席纪念堂

黄继光纪念馆

中国平湖李叔同纪念馆，2002

梁思成纪念馆， 2002

河北省乐亭县李大钊纪念馆

扬州鉴真和尚纪念堂

绍兴沈园陆游纪念馆

济南李清照纪念馆

淄博焦裕禄纪念馆

台北孙中山纪念馆

上海鲁迅纪念馆

浙江绍兴鲁迅纪念馆

上海青浦陈云故居暨青浦革命历史纪念馆

富兰克林纪念馆

仪陇县马鞍场朱德同志故居陈列馆

四川乐至县陈毅同志陈列馆

日本神奈川海滨聂耳纪念碑

日本藤泽市聂耳纪念碑

美国华盛顿马丁·路德·金纪念园，2011

伦敦戴安娜王妃纪念园，2004

美国华盛顿罗斯福公园，1974

MEMORIAL LANDSCAPE DESIGN

纪念性景观设计

杨至德 著

江苏凤凰科学技术出版社

CONTENTS 目录

第1章　纪念性景观概述　4

第2章　纪念性景观平面构图　6
2.1　点的构图特点　6
2.2　线的构图特点　9
2.3　面的构成特点　11

第3章　纪念性景观空间与空间序列　14
3.1　纪念性空间概述　14
3.2　纪念性空间界面及其空间的形成与创造　18
3.3　纪念性空间序列　26

第4章　纪念性景观主要设计要素　28
4.1　地形　28
4.2　水体　30
4.3　植物　30
4.4　雕塑　32
4.5　建筑物　33
4.6　文字　33

第5章　纪念性景观设计实例　35

Powerful New National Monument Marks Nelson Mandela's Capture Site in Natal Midlands
纳尔逊·曼德拉被捕地新建国家纪念性雕塑　36

New Nelson Mandela Sculpture – Shadow Boxing
纳尔逊·曼德拉新雕塑——拳击练习　42

The Theresia Bastion
特蕾西亚堡垒　48

(Des)Dobrar Memorial
折影纪念广场　56

Square Dorchester-Place Du Canada
多彻斯特广场–加拿大广场　64

The Beacon of Hope
希望灯塔　70

National 9/11 Memorial, New York City
纽约911国家纪念广场　76

Atatürk Memorial
阿塔图克纪念碑　90

Bavarian National Museum – Entry Square and Courtyards
巴伐利亚国立博物馆——入口广场和庭院　94

Diana, Princess of Wales Memorial Fountain
威尔士王妃戴安娜纪念喷泉　108

Columbus Circle, New York
纽约哥伦布环岛　118

Franklin D. Roosevelt Four Freedoms Park
富兰克林·D·罗斯福四大自由公园　128

Flight 93 National Memorial
93号航班国家纪念园　138

事件主题

汶川地震纪念园

八一南昌起义纪念碑

天安门广场人民英雄纪念碑

南京雨花台烈士纪念馆

南京大屠杀遇难同胞纪念馆

嘉兴南湖革命纪念馆

湖北武汉辛亥革命博物馆新馆

陕西延安革命纪念馆新馆

北京皇城根遗址公园

河北唐山地震遗址纪念公园和地震博物馆

江苏溧阳新四军江南指挥部纪念馆

郑州二七纪念塔

皖南事变烈士陵园

安徽合肥渡江战役纪念馆，2012

西柏坡纪念公园

济南战役纪念馆

台儿庄战役纪念馆

天津平津战役纪念馆

锦州辽沈战役纪念馆

湖北武汉辛亥革命博物馆新馆，2011

丹东市抗美援朝纪念馆

威海甲午海战纪念馆

斯大林格勒战役纪念碑

柏林犹太人纪念馆

法国巴黎凯旋门

俄罗斯莫斯科二战纪念馆，1995

美国华盛顿纪念碑，1888

美国华盛顿朝鲜战争纪念碑，1995

美国华盛顿越战纪念碑

美国二战纪念园

美国拉什莫尔国家纪念碑

美国罗斯福纪念公园，1997

澳大利亚 Broken Hill矿工纪念碑与游客中心， 2002

澳大利亚战争纪念公园

美国纽约911 纪念馆， 2003

以色列耶路撒冷以色列犹太大屠杀纪念馆， 2003

德国柏林欧洲犹太人大屠杀纪念馆， 2004

英国伦敦澳大利亚战争纪念公园， 2004

泰国 Phangnga 省海啸纪念馆， 2006

日本长崎长崎和平纪念馆祈愿厅， 2006

巴黎埃菲尔铁塔，1889

荷兰阿姆斯特丹吉尔默尔米纪念馆

美国 93 号航班国家纪念园

旧金山德扬博物馆

美国夏威夷珍珠港事件纪念馆，1980

澳大利亚堪培拉澳大利亚战争纪念馆，1945

日本广岛和平纪念资料馆、和平纪念公园，1955

陵墓主题

以色列耶路撒冷拉宾墓

印度圣雄甘地墓

印度泰姬陵

成吉思汗陵

陕西秦始皇陵

唐朝乾陵

皖南事变烈士陵园

石家庄华北烈士陵园

济南英雄山烈士陵园

南京大屠杀纪念馆

沈阳九一八纪念馆

第2章　纪念性景观平面构图

纪念性景观平面构图，就是根据点、线、面的基本构成原则，结合场地特征和纪念要求，把各个景观要素有机地组织起来。纪念性景观平面构图，离不开点、线、面的处理。但是，其中点的意义不同于几何学中纯粹的点，它是相对于景观整体来说的。纪念性景观中的碑、塔，主体建筑物如馆、室等，相对于整个场地来说，都可以看作点，可以按照点的构成原则进行设计安排。道路、各种形体的外形轮廓线、各面的交线、面上的分割线等，都具有线的特征，可以根据线的构成原则进行处理。纪念性景观场地，在水平方向上可以看作一个面，既包括平面，也包括曲面，静态纪念性景观以平面组成为主，运动体则以曲面为主。总体上遵循面的构成规律。

2.1　点的构图特点

点往往是视觉注意的中心。当视觉区域中出现点时，人们的视线就会被集中吸引到这一点上，形成视觉中心。若点移动，人的视线也会随之移动。

处理好点的设计可以起到画龙点睛的作用。大面积上的点，应避免置于中心位置，靠近角落或一边反而更显生动。当有多个点时，应避免等间隔排列，以免显得单调，一般按功能分组，这样既便于操作，又富有节奏感。点作为信息传递的符号，与面在色彩和质地上形成对比，更能引人注目。

点是一切形态的基础。点在几何学中没有大小、方向和形状，但在平面构图领域中，点可以有自己的形状。点给人的感觉由其大小所决定。

2.1.1　点的形状

点的形状多种多样，但最基本的形态包括圆点、方点、角点以及规则点（图2-1）。平面设计中的点，就其大小、面积和不同的形状而言，点越小，点给人的感觉越强；点越大，面给人的感觉越强，点给人的感觉越弱。从点与形的关系看，以圆点最为有利，即使形状较大，在很多情况下仍然具有点的感觉。但是，点的面积如果越小，越发难以辨认，其存在的感觉也就越弱。同样，轮廓不清或中空的点，其特性也会显得较弱（图2-2）。

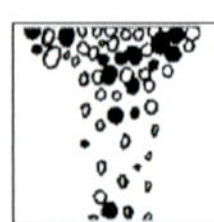
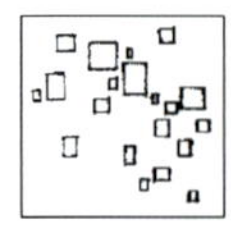
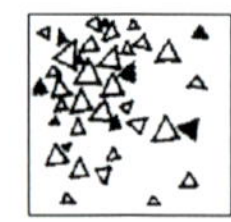

图2-1 点的形状

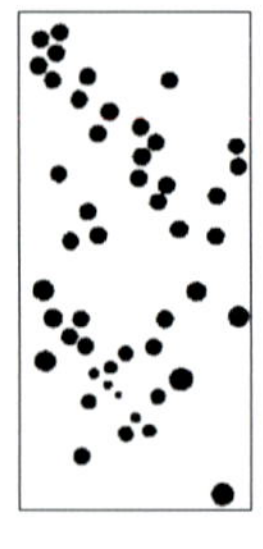

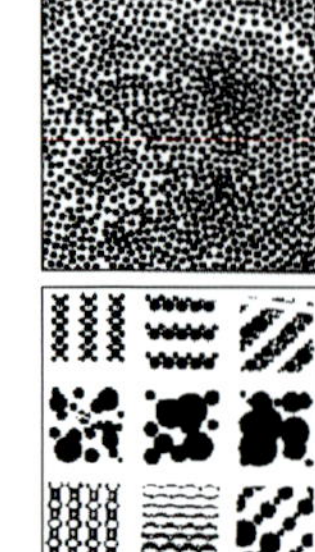

图2-2 点的大小与面感

2.1.2　点的视觉感觉

单独的一个点具有吸引视觉注意力的功能。

当两点并存于同一画面时，人在视觉心理上会自动地在其间生成心理连线。

多点连续排列可产生虚线和虚面（图2-3）。

多点按一定大小排列可产生方向感、节奏感和韵律感（图2-4）。

图2-3 多点连续排列

图2-4 多点按一定大小排列

点在画面中的位置不同，会给人带来不同的心理感受（图2-5）。点位于画面中央时，让人感觉安静平稳，且引人注目。点上移至一角，会令人产生不安定的动感。点下移至一角，也会产生跳跃欲出的感觉。在图2-6（a）中，点位于画面中上部，显得自由、欢快，有一种轻松之感。在图2-6（b）中，点位于画面中下部，给人沉闷、压抑之感。在图2-6（c）中，点位于横式画面的中央，最引人注目。

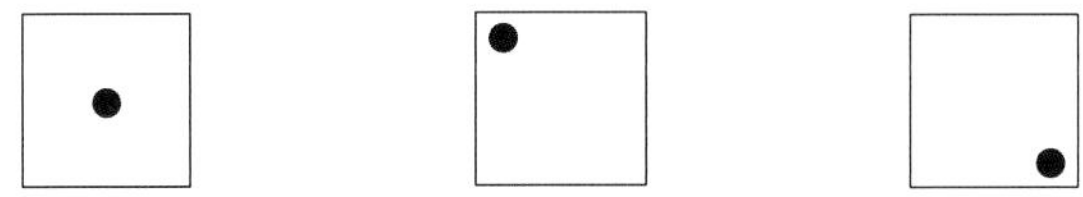

图2-5 点的位置变化所产生的不同视觉效果（一）

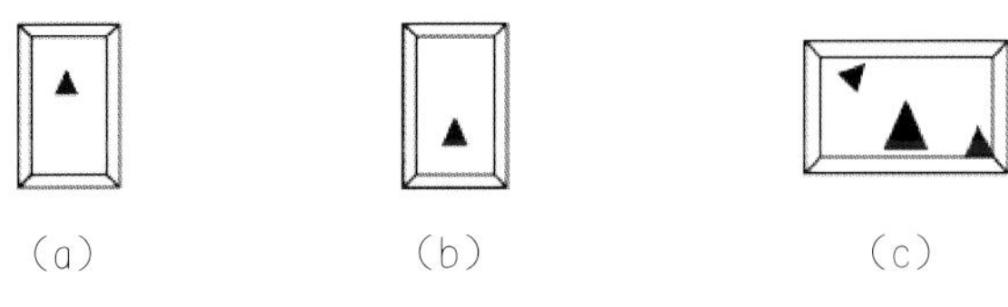

图2-6 点的位置变化所产生的不同视觉效果（二）

大小等同的点相互作用相等，视线移动平稳（图2-7）。

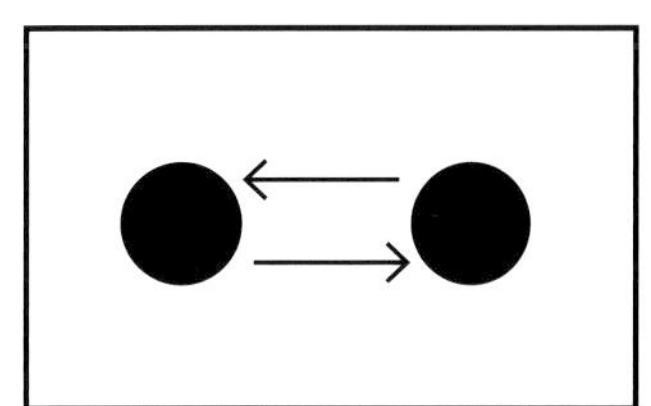

图2-7 大小相等的点

大小相异的点接近时，小点会被大点吸引，视觉感受上会偏重于大点，而小点则易被忽略（图2-8）。

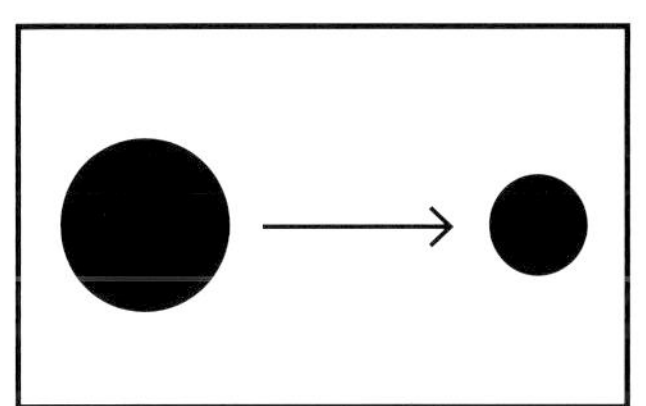

图2-8 大小相异的点

大小完全相同的点等间隔排列时，显得规则且整齐，安静平稳。但是由于缺乏个性，视觉感受较弱（图2-9）。

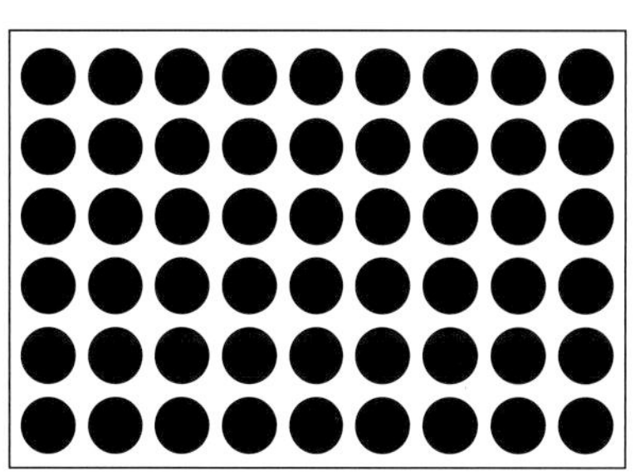

图2-9 大小完全相同的点等间隔排列

大小不同的点等间隔交换时，画面就增加了动感，视线移动也具有了方向感（图2-10）。

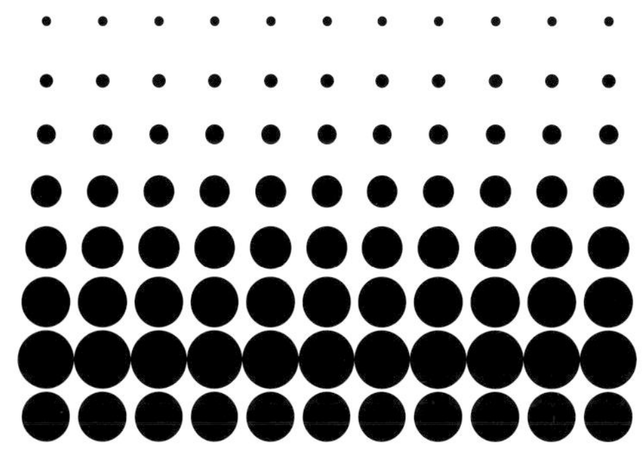

图2-10 大小不同的点等间隔交换

将大小不同的点有规律地变换位置，即间隔拉大或缩小，点的排列就会产生虚幻的线的感觉（图2-11）。

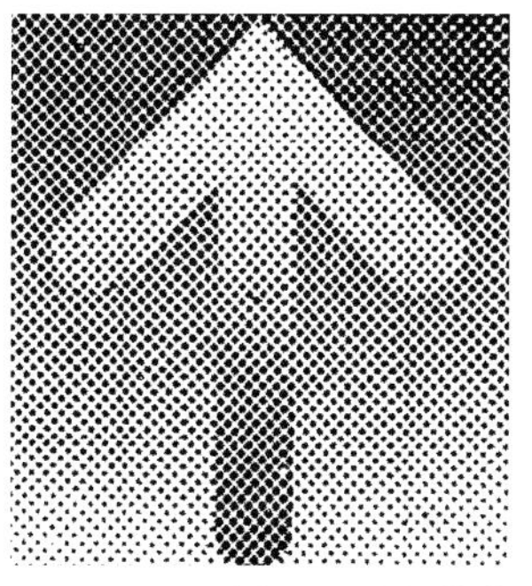

图2-11 虚幻线感

利用点的规律性构成可形成类似照片放大的效果（图2-12）。图中的眼睛是通过抽象的几何点变换大小来完成的，比起单纯用色线绘画更富有装饰性和趣味性。

图2-12 点的照片放大效果

大且排列疏朗的点，看起来轻松、舒畅；小而密集的点，则让人感到紧张、压抑（图2-13）。

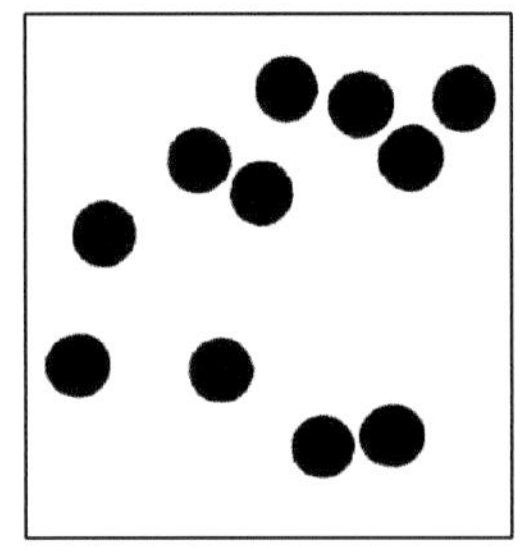

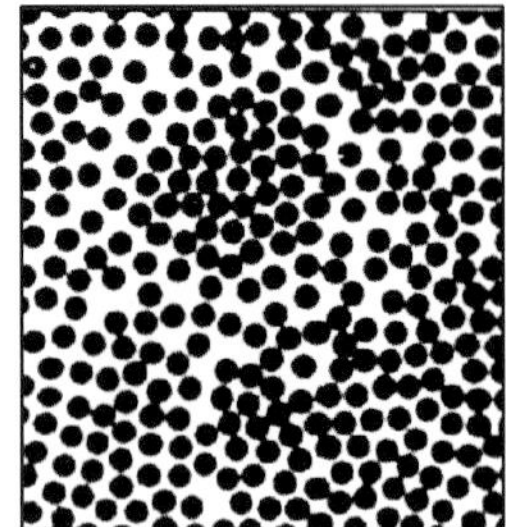

图2-13 点的疏与密

2.1.3 点的错视

叠纹可以用点，也可以用线来形成。如果把点加以条理化，就可形成空间性的叠纹（错视）。所谓错视，就是感觉与客观事实不一致的现象。点所处的位置，随着其色彩、明度和环境条件等的变化，会产生远近、大小等多种错视现象。

一般来说，明亮的暖色，在人的视觉上会产生前进和膨胀的感觉。黑底色上的白点与白底色上的黑点相比，感觉会大一些。白点有扩张感，黑点有收缩感（图2-14）。橘黄色点比蓝色点感觉要大。按照这一原理，在设计中我们可以采用明亮的色彩突出主题，使用较暗的色彩，会适当减弱次要部分的文字或图形。秋季，枫树变红，银杏变黄。为突出场地或引导视线，可采用孤植枫树或银杏。

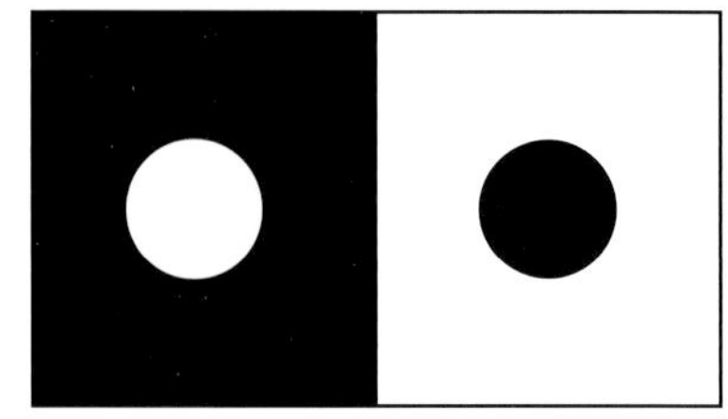

图2-14 白点的扩张感和黑点的收缩感

同样大小的两个点，由于周围点的大小不同，就使得中间两个点也产生不同大小的错视。在图2-15中，中间的圆点是等大的。如果图中周围的点大，由于对比的作用，就会感觉中间的点小。相反，如果图中周围的点小，就会感觉中间的点大。

图2-15 点在不同环境下产生不同大小的错视

图2-16是两个完全对称的图形。图形上点的位置，由水平和垂直直线相交而成。由于圆点的大小不同，点与点的间隔也起了变化。有的点因所处的位置不同，所产生的视觉效果也不同。图上左下角黑底上的白色圆点，因接近正方形外框的边线，受到来自边线所产生的引力影响，给人一种被拉过去的感觉，似乎紧邻角隅。相反，在右下角白底上的黑色圆点，因不受边框的影响，便不会发生吸引作用。

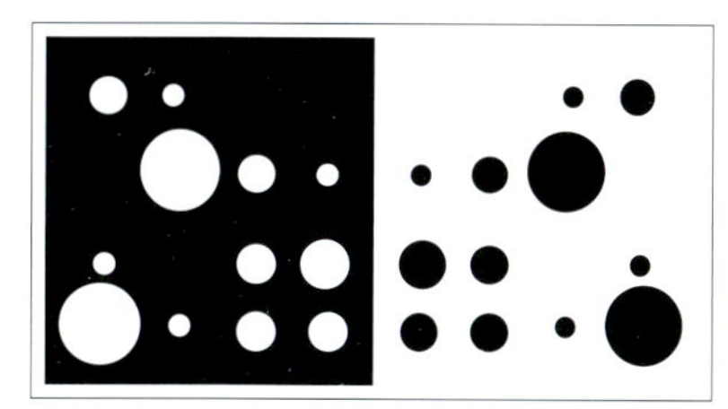
图2-16 点受边线影响所产生的不同错视

2.2 线的构图特点

线是纪念性景观构图的有力手段。景观的外形轮廓线、各面的交线、面上的分割线，都是明确的造型语言。线处于点与形之间，在景观形态中线有具体的位置、长度、宽度、方向、形状和特征，而在几何学中线是没有粗细之分的，只有长度、方向和形状之别。线在景观形态造型中的地位是非常重要的。线具有不同的特征，在视觉上具有多样性。通过线形变换以及线与形态的巧妙结合，可以构造出具有空间性、方向性和节奏感的多种形态形式，传达出所要表达的纪念意义。

直线与曲线是线的两种基本形式，是决定画面形态的基本要素。直线可分为垂直线、水平线和斜线。曲线可分为几何曲线和自由曲线。曲线是女性化的象征，具有动感、弹力、自由、优雅的感觉。曲线构成优美，富有节奏感和韵律感。

2.2.1 直线构图特点

直线的视觉感受是刚劲、有力、坚定，具有方向性，能传达坚硬、静穆和严肃之感，故称“硬线”。

水平直线给人以平静、深远、安稳之感，吸引视线做横向引伸（图2-17）。

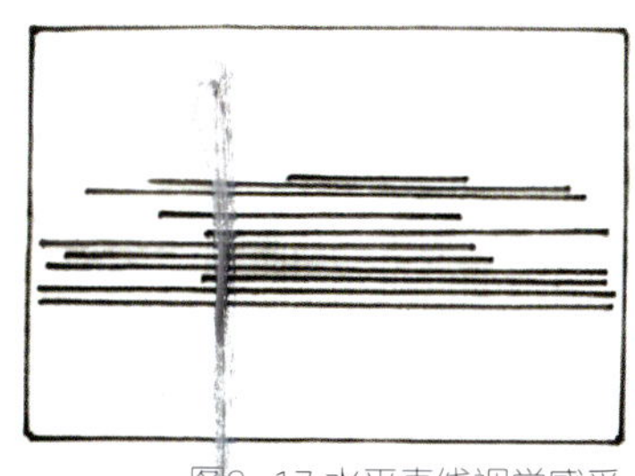
图2-17 水平直线视觉感受

铅垂直线给人以高耸、挺拔、雄伟、刚强、坚硬之感，产生上下引伸的视觉效果（图2-18，图2-19）。

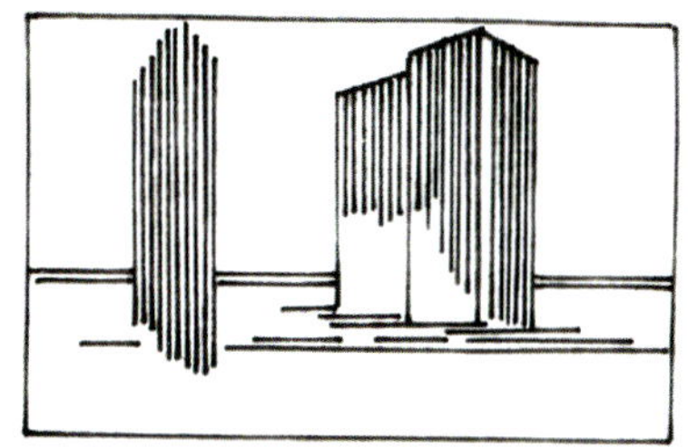
图2-18 铅垂直线视觉感受（一）

图2-19 铅垂直线视觉感受（二）

斜直线给人以冲击、不安、倾倒和推拉之感，产生发散、集中的视觉效果（图2-20）。折线使人感觉起伏波动、锋利尖锐（图2-21）。

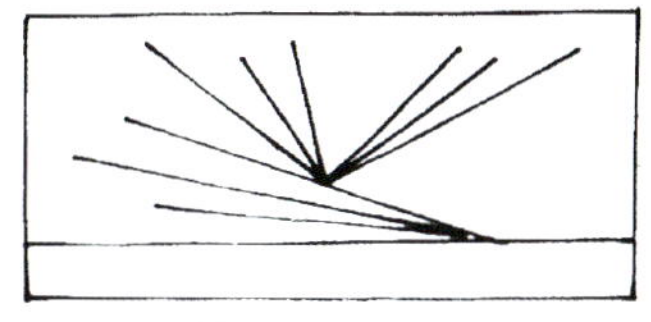
图2-20 斜直线视觉感受

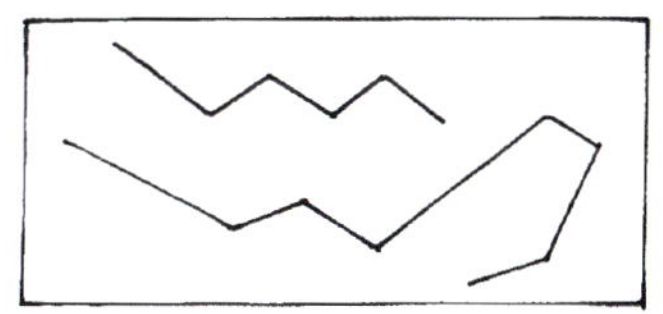
图2-21 折线视觉感受

直线有统贯其他要素的作用。如图2-22所示，有两个孤立的元素，按其功能要求，它们的位置不能移动，但幅面呈现分散零星的感觉。设计者用一条深浅适宜的直线就把二者贯串了起来，将孤立无关的两个元素连成整体，彼此有所联系。

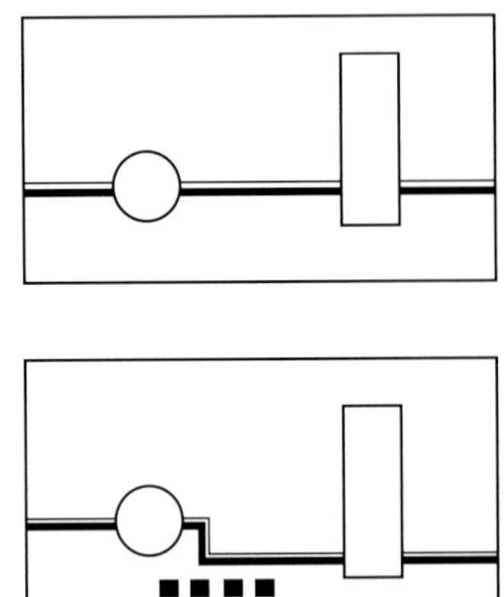

图2-22 直线统贯效果

直线有分割大面的作用。如图2-23所示，一个机箱的正立面空无一物，显得呆板空乏。如果加上几条水平线，就把大面分割成有联系的两个部分，打破了空乏沉闷的格局。

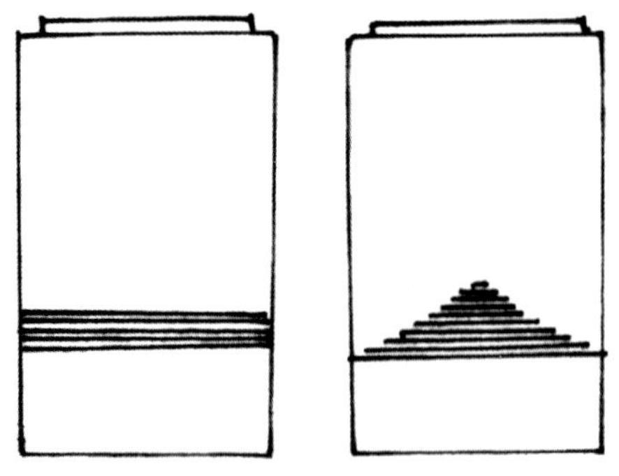

图2-23 直线分割大面

直线有调整视线的作用。图2-24所示为一个既宽又矮的机台，为了改善其难看的外观，加上了一些铅垂线，即可削弱宽而矮的感觉。

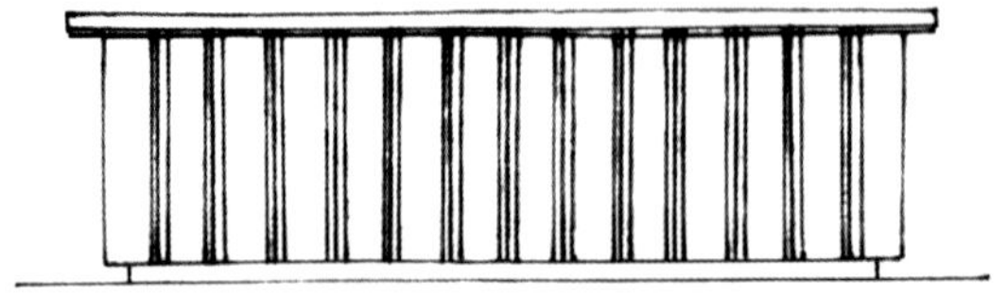

图2-24 直线调整视线

直线有破除零乱的作用。如图2-25所示，内外轮廓线都由曲线组成，图内元素复杂多变，零乱散漫。这时用几根直线加以分割串联，就可把这些元素统贯起来并破除散乱的感觉。

图2-25 直线破除零乱感

直线有平衡视觉重量的作用。如图2-26所示，公共汽车车窗下的车身很大，大面积的空白使人产生上重下轻之感。如在下部加一条颜色深重的直线，车身下部就会产生一定的重量感，视觉上得到重量平衡，增加了汽车给人的安全感。

图2-26 直线的视觉重量平衡

子母线是在粗线两侧或某一侧附加细直线或曲线而形成的复线（图2-27）。子母线具有直线和曲线的共同特征，刚直而富有柔和感，在花坛、花镜、地面铺装等方面可广泛采用。

图2-27 子母线

2.2.2 曲线构图特点

规则几何曲线主要包括圆、椭圆、抛物线、螺旋线等。规则几何曲线整齐、端正、对称，秩序感强。曲线上各点都在同一平面上时，称为平面曲线。反之，曲线上各点不都在同一平面上时，称为空间曲线。纪念性景观设计中，花坛、地面铺装、植物配置等许多方面都会涉及曲线问题。

（1）圆

圆可以有多种构图形式。如同心圆、同心圆加半径、半圆和四分之一圆等（图2-28～图2-31）。

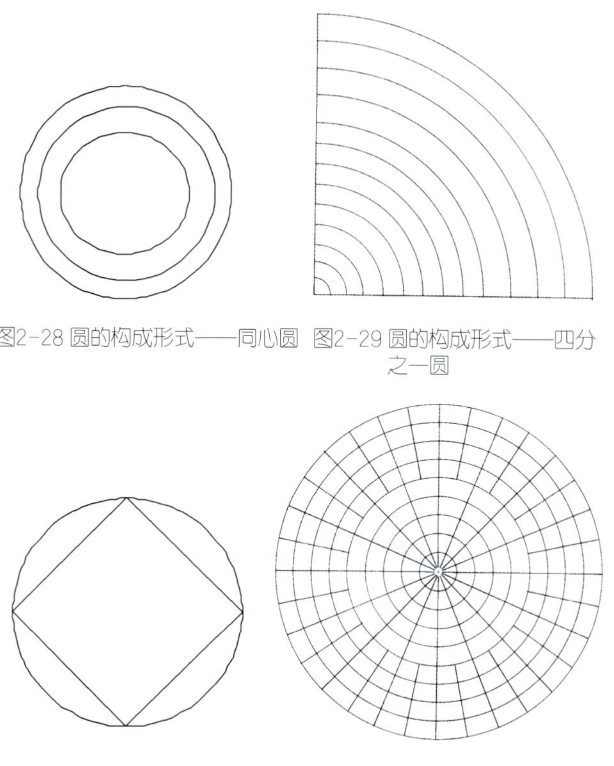

图2-28 圆的构成形式——同心圆 图2-29 圆的构成形式——四分之一圆

图2-30 圆的构成形式——圆与方形

图2-31 圆的构成形式——同心圆加半径

（2）椭圆

椭圆的几何性质和物理性质相一致，可以利用它的物理特性设计出巧妙的纪念性景观或景观形态。如，某些纪念性建筑物的墙面或屋顶，利用椭圆来造型，会取得神奇的效果。

椭圆的几何定义是：在平面上，一动点M到两定点F_1和F_2的距离之和保持不变，记为$2a$，该点运功所产生的轨迹即为椭圆。F_1与F_2为焦点，M为动点。M到焦点的距离称为“焦半径”。

椭圆的标准方程如下：

$$MF_1+MF_2=2a$$

$$\frac{x^2}{a^2}+\frac{y^2}{b^2}=1$$

设椭圆的两个焦点分别为F_1和F_2，在焦点F_2处设置一光源，照射到椭圆曲面上的光线，必将反射到另一焦点F_1处。如在焦点F_2处发出声音，声波传到椭圆曲面上，必将反射到另一焦点F_1处。这一特性，可应用于纪念性构筑物的设计上。在设计和施工过程中，都会涉及椭圆的绘制问题。常见的椭圆绘制方法主要有矩形法、内插法和 四心近似画法。

（3）抛物线

抛物线的几何定义是：平面上有一定点和一条定直线，今有一动点M，其与定点和定直线的距离保持不变，动点M移动后所形成的轨迹，就是抛物线。定点F叫作抛物线的焦点，定直线L叫作抛物线的准线。

抛物线沿中心对称轴旋转一周，即形成抛物面。抛物面的特点是：从焦点F处发出的射线，经抛物面反射后，均与对称轴平行。反之，如发射线与对称轴平行，则其反射线集中于交点F上。这一性质称为抛物面的“焦聚性”，这正是抛物面所具有的特殊使用价值。纪念性景观设计中，灯光、水景、建筑小品等，都可巧妙地利用抛物线的这种特性，创造出特殊的声光效果。（抛物线画法，详见《风景园林设计原理》，华中科技大学出版社，2011）

（4）螺旋线

螺旋线在大自然中也很常见，其造型优美、典雅。常见的螺旋线有爱奥尼亚螺旋（Greek Ionic Volute）和黄金分割螺旋线两类。螺旋线的画法参照《风景园林设计原理（第二版）》（华中科技大学出版社，2011）。

2.3 面的构成特点

面是立体的组成部分。线的移动形成面。面有长度和宽度，没有厚度。根据面的构成方式，可将面分为五类，即规则几何面、自由曲面、不规则面、有机曲面和偶发面。由规则几何图形如三角形、正方形、正六边形、圆、椭圆等构成的面，称为规则几何面。自由曲线形成的面，称为自由曲面。自然界和生物有机体自然形成的面，如水滴、鹅卵石、叶片、树干，称为有机曲面。不规则面则由直线和曲线共同构成。偶然方法形成的面，称为偶发面，如泼墨、烧烤、拓印等方式形成的面。

面是相对于点而存在的、面积较大的形态要素。在视觉上面要比点、线来得强烈、实在，具有鲜明的个性特征。不同的面具有不同的形象特征。静态纪念性景观以平面组成为主，运动体则以曲面为主。矩形比方形富于变化，比例得当。相交的垂直平面以弧面过渡，能增加亲切感和舒适感。

规则几何面：明快、简单、规整、有秩序。

不规则面：表达一定的情态、情趣。

有机曲面：富有生机、优美、有弹性。

在平面构图中，面还具有量感、可辨性和立体感等特征。

量感：面相对于点和线，视觉效果较强，量感强。点的放大和线长宽的缩短，都会使点或线接近于面。当放大或缩小比例达到一定程度时，二者就成为抽象的面。面的量感，通过面积大小、明暗对比、虚实对比和空间层次等关系表现出来。面大，明暗对比较强。实面、表层面，相对量感强。在景观设计中，面的量感，取决于它所处的本底特性和自身材质。

可辨性：面的外轮廓线使面具有可辨性，我们称之为形或形象。前面已介绍，按照外轮廓线的变化，可将面大体分为规则几何面、自由曲面、不规则面、有机曲面和偶发面等。在纪念性景观设计中，不同形象的面具有不同的艺术效果，适用于不同的空间，这主要取决于外轮廓线的特性。

外轮廓线闭合，面被填充时，量感较足。如圆形或者正方形，内部完全填充时，它就具有坚实、庄严、稳定和充实的感觉。一般来讲，单面要比复杂面、有空洞或凹陷的面更有体量感和充实感。面轮廓线闭合，内部中空时，线的感觉要比面的感觉强烈。轮廓线变粗，中空面积减小，面的感觉增强。轮廓线不闭合或者没有明确的轮廓线时，面的感觉变弱。

立体感：这里所指的是二维平面上的视觉立体感，而不是三维空间。在二维平面中，立体感是人的一种视觉错

图2-32 平面立体感（渐变）——地面铺装

图2-33 平面立体感（渐变）——纪念性公园入口地面铺装

图2-34 平面立体感（渐变）——广场地面铺装

觉。面经过一定的艺术处理，会具有立体感（图2-32～图2-34）。

与一般景观设计相类似，纪念性景观也涉及各种面，包括建筑物立面、屋顶平面或斜面、地形面，以及植被所组成的各种面等。植物，包括乔木、灌木、藤本、花卉和草本植物，经过一定的组合处理，可形成各种各样的面（图2-35、图2-36）。如冬青经过适当修剪造型，可构成长方形面、正方形面和圆形面等多种形态的面。对于疏林草地景观，从宏观上说，乔木层构成一个面，下面的草本植物构成一个面。

地面铺装：地面铺装是景观设计中最基本的面。地面铺装有助于限定空间、标识空间，增强空间的可识别性。在地面铺装中，面的应用最广泛、最富于变化，也最富有创造性。

水体：河、湖、溪、涧、池、瀑、泉等，在承载体的衬托下就具有了形，都可以看作各种不同形式的面，可以按照面的有关特性，对其进行设计处理。

图2-35 植物构成的水平平面

图2-36 植物构成的垂直绿色平面

第3章　纪念性景观空间与空间序列

3.1　纪念性空间概述

宇宙中物质实体之外的部分称为空间。在纪念性景观中，各景观要素相互限定，形成纪念性景观空间。纪念性景观设计，就是纪念性空间的创造。

3.1.1　空间分类

分类方式不同，会有不同的空间类型。一般根据使用性质、空间占有程度和围合程度进行划分。

根据使用性质，空间可分为活动型、休憩型和穿越型三类。① 活动型：空间规模较大, 能容纳的活动类型多，参与活动的人数量大。下沉式广场和台地，为典型的活动型空间。② 休憩型：一般规模较小, 尺度也较小。纪念性建筑物附近、居住区中的外部空间，属于此类。③ 穿越型：这类空间，实际上就是通道。比如通往纪念碑或主体纪念建筑的通道，就是穿越型空间。

根据空间占有程度，空间可分为公共空间、秘密空间和半公共空间三种类型。① 公共空间：社会成员共享的空间。公共空间往往是人群集中的地方，如公共活动中心和交通枢纽。内有多种多样的空间要素和设施，人们在其中有较大的选择余地。纪念性景观大多属于公共空间。集中公共绿地、休闲广场等，都属于公共空间。② 私密空间：适合于个人或小团体开展私密活动的空间。③ 半公共空间：介于公共空间和私密空间之间的一种过渡空间类型。它不像公共空间那样开放，也不像私密空间那样封闭。

根据围合程度，空间可分为开敞空间、半开敞空间和封闭性空间三类。这是一种围合空间，由空间界面围合而成。空间界面可以是实面，也可以是虚面；可以开敞，也可以封闭。① 封闭空间：由空间界面材料完全围封而成。在视觉、听觉以及小气候方面，都具有较强的隔离性和封闭性。特点是内敛、向心，具有很强的区域感、安全感和私密性，通常让人感觉比较亲切。缺点是往往具有单调感、沉闷感。私密程度要求不是特别高时，可以适当地降低封闭性，增加与周围环境的联系和渗透。② 开敞空间：空间界面围护限定程度较低，常采用虚面作为空间界面。空间流动性大，限制性小，与周围空间的关系，无论从视觉上还是听觉上都有较密切的联系。开敞空间是外向性的，限定度和私密性较小，讲究对景、借景以及与大自然或周围空间的融合。亭一般构成开敞空间（图3-1 ~ 图3-3）。③ 半开敞空间：介于封闭空间和开敞空间之间的一种过渡形式。其既不像封闭空间那样具有明确的界定和范围，又不像开敞空间那样完全没有界定，呈开放状态。

根据心理感受，空间分为静态空间和动态空间两类。① 静态空间：形态上趋近于“面”，空间构成的长宽比例接近，可以是规则几何形，如方形、圆形、多边形等，也可以是不规则的自然式形态。主要为游客休憩、停留和观景等活动提供服务。② 动态空间：是具有强烈的引导性、方向性和流动感的空间。一般是线性空间，当然也可以是自然式的。线性空间尺度越狭窄，动感越强。

图3-1 亭所构成的开敞空间——苏州玄妙观四海亭

图3-2 亭所构成的开敞空间——笠亭

图3-3 亭所构成的开敞空间——北京北海涤霭亭

3.1.2 尺度与空间大小

纪念性景观空间突出纪念性，但也必须以人的基本尺度为基础。可以在这个基础上进行夸张、放大、缩小或变形。

（1）人体尺度图

莱奥纳多·迪·瑟皮耶罗·达芬奇（Leonardo da Vinci）对维特鲁威人进行细致研究后绘制了维特鲁威人人体比例图（图3-4）。

其他常见的人体比例关系见图3-5 ~ 图3-7。

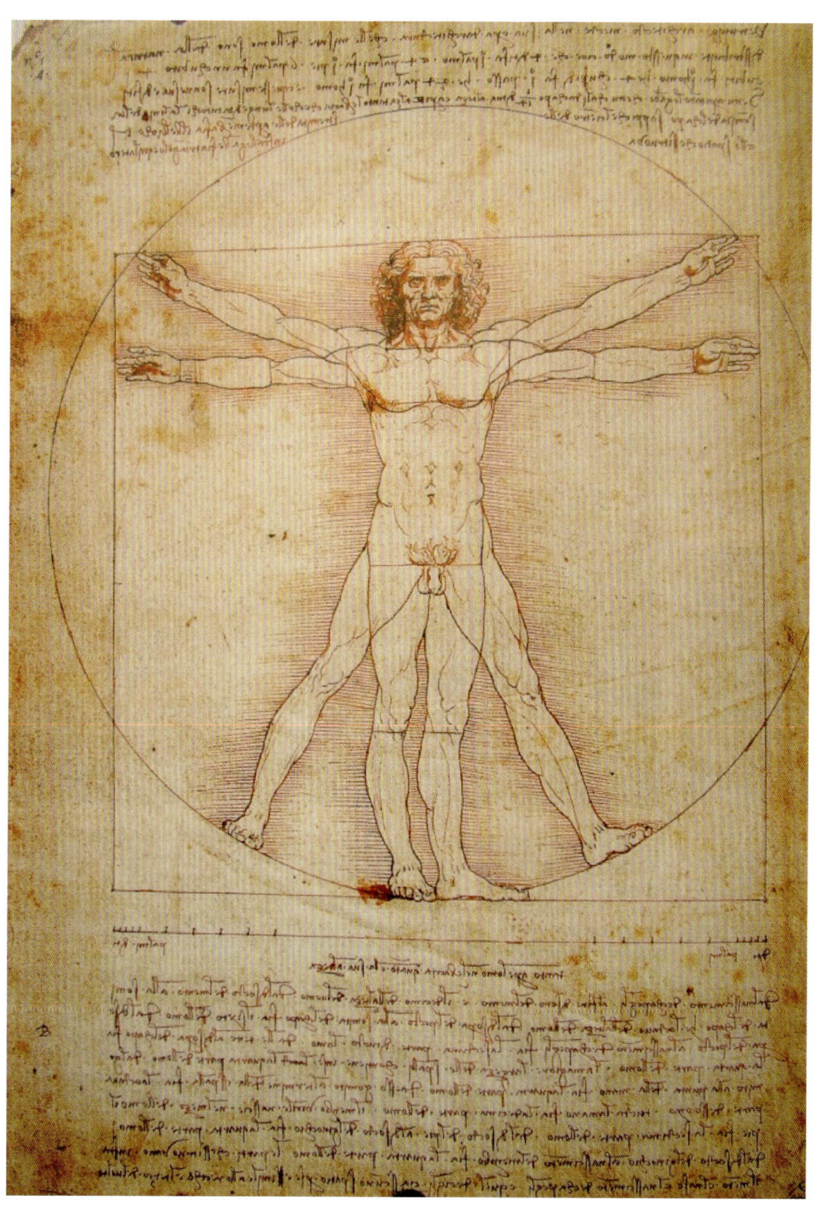

图3-4 维特鲁威人尺度图

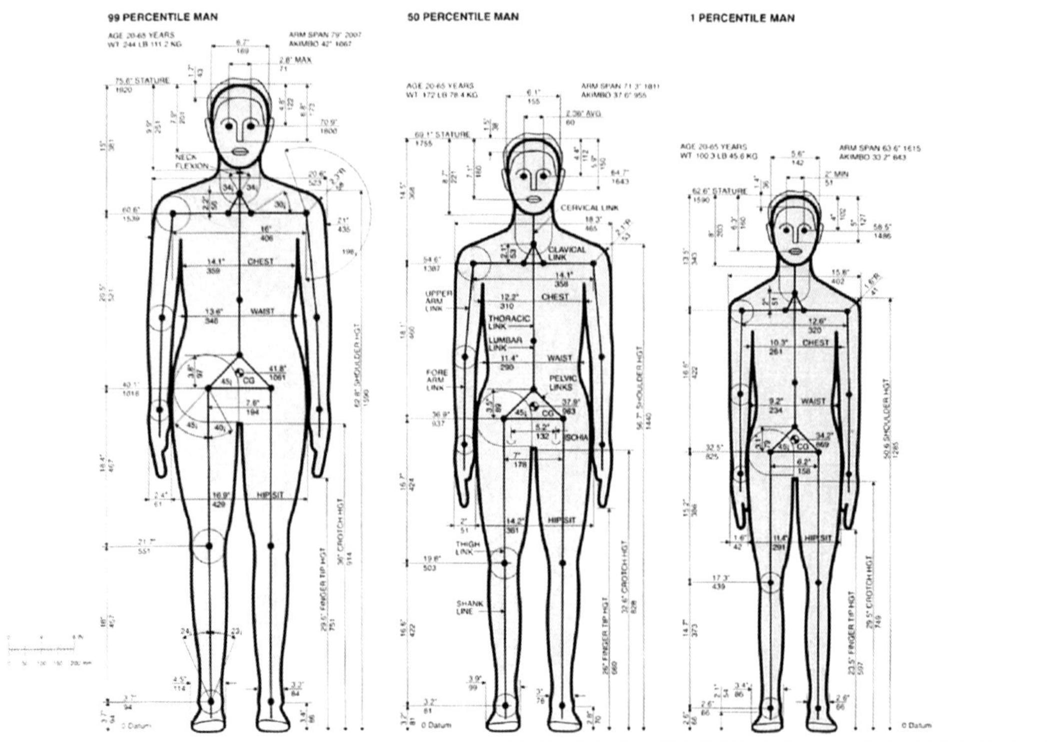

MEASURE OF MAN—FRONT VIEW

图3-5 成年男人各部位尺寸（引自Leonard J. Hopper, 2007）

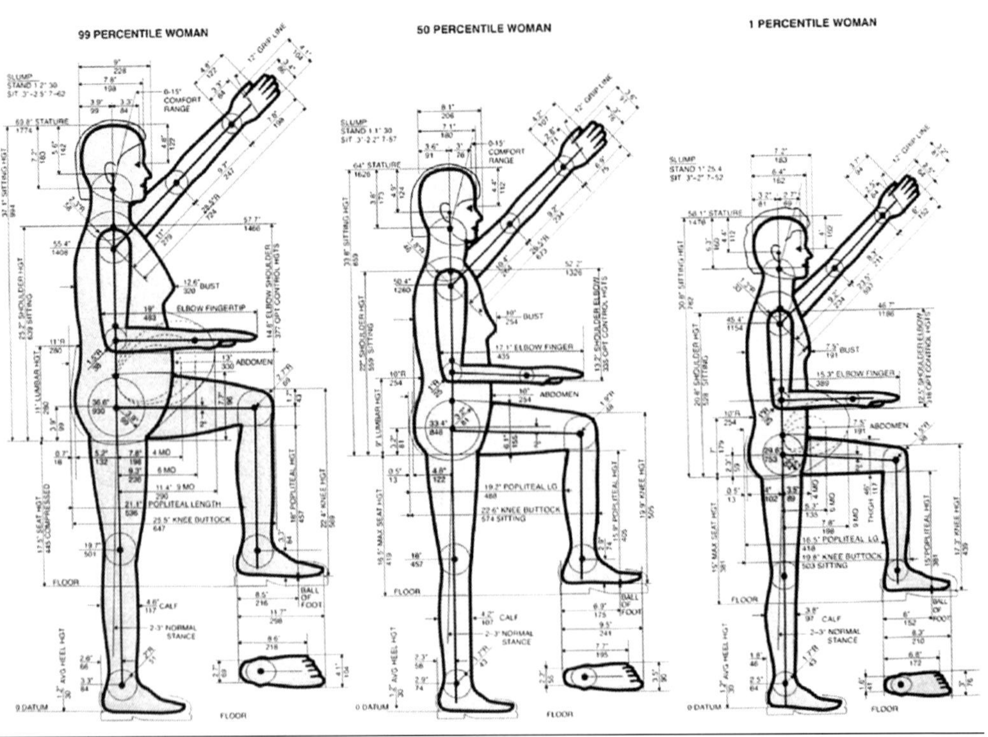

MEASURE OF WOMAN—SIDE VIEW

图3-6 成年女人各部位尺寸（引自Leonard J. Hopper, 2007）

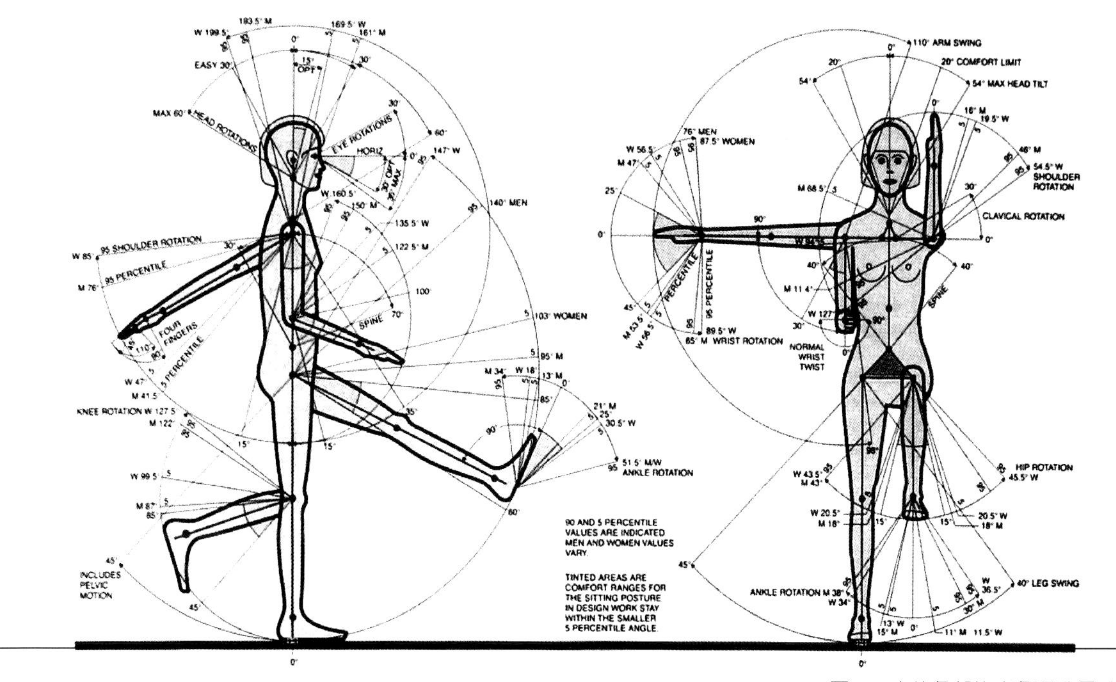

ANGLE MOVEMENTS OF BODY COMPONENTS

图3-7 身体各部位成角运动尺寸

（2）空间大小

进行静态或缓慢动态观察时，有关空间的大小和感觉，可以给出一个一般性的概念。

外部空间小于3米时，为小型空间，让人感到难受。3～12米的空间，让人感到亲切。空间大小达到12～24米时，就属于人性化空间。24～152米时，属于公共空间。大于152米时，则属于超常人性化空间。

空间大小与领域感是相互关联的。空间小，有强烈的安全感，人们相互交流容易。空间大，安全感降低，相互之间的交流减少。在超常空间里，人们常常感到不受保护，不安全，一般都会被吸引到具有人性化尺度的物体附近。

（3）人际距离理论

根据人与人之间距离的远近，爱德华·霍尔（Edward Hall）提出了4种人际距离类型，即亲密距离、个人距离、社交距离和公共距离。

① 亲密距离：0～45厘米。

近程亲密距离：0～15厘米。

远程亲密距离：15～45厘米。

亲密距离指关系亲密的人相互之间的交流距离，用以表达安慰、保护、抚爱等强烈感情色彩。密友、情人、配偶、亲人等，才可以使用亲密距离。陌生人、初次相识的人，不会使用此种距离。陌生人一旦进入亲密距离，对方马上就会做出反应，如后退、惊异等。公开场合不使用亲密距离。即使被迫进入亲密距离，也往往是紧缩身体，避免碰触，眼睛四顾。

② 个人距离：45～130厘米。指亲密朋友或者家庭成员之间的交往距离。个人距离可以使人们的交往保持在一个合理的亲近范围之内。

近端个人距离：75～120厘米。

在近端个人距离活动的人们，相互熟识，关系融洽。因此，也可将近端个人距离称为好友区域。假如配偶进入此区域，你可能不在意。但是，如果其他异性朋友进入这个区域，则“完全是另外一回事了”。

远端个人距离：个人距离的远端涉及的范围较大，从比较亲密、亲密一直到比较生疏。这是公众场合普遍使用的距离。

③ 社交距离：130～375厘米。

常见于公务场合和商业活动，不需要过分热情或过分亲密。能够进行正常语言交流和目光交流。一般社会交往活动中，如朋友、同事以及邻居之间的交流，采用这种距离。

社交距离又可分为近程社交距离和远程社交距离。

近程社交距离：130～200厘米。一般常见于人与人之间的感情交流。

远程社交距离：200～375厘米。此种距离适宜社交场合表达寒暄等礼节性的交流，一般不带有感情色彩。

④ 公共距离：大于 375厘米。

公共距离近端：360 ～ 750厘米。

公共距离远端：大于750 厘米。

公共距离是一种单向交流距离，也被看作社会交往中的安全距离。处于该种距离的人，大多对所发生的活动采取旁观者的态度，比较容易脱离该场景。演说、授课等活动中，演讲者和教师，与听众和学生之间，就属于这种距离。

与上面三种距离相比，在公共距离范围内，人们之间的交流受到限制，主要是通过视觉和听觉来实现的。

3.2　纪念性空间界面及其空间的形成与创造

3.2.1　空间界面

构成空间的实体或虚拟体外围，称为空间界面。在纪念性景观中，可分为顶界面、底界面和侧界面三类。可以作为空间界面的要素很多，比如墙体、廊道、植物、建筑物、地面、水体、山体、道路、河流等。

3.2.2　空间的形成与创造

纪念性景观设计中常见的空间构成要素，如墙体、门洞、漏窗、长廊、借景等，都可以在纪念性景观中采用。

（1）围合

最简单的景观空间构成形式，是用较高的围护实体围合而成，具有很强的隔离性、区域感、安全感和私密性。围合效果可用围合强度表示。围合强度（*E*），是指观察者距空间界面的距离与界面高度之比。围合强度*E*=1时，为完全围合；围合强度*E*＝2：1时，为半围合；围合强度*E*＝3：1时，为低度围合；围合强度*E*＝4：1时，围合感差不多就消失了（图3-8）。

根据所采用的空间界面类型，可以创造出各种不同的围合空间。常见的空间界面，主要包括墙体、走廊、碑、亭、楼、阁等各种纪念性建筑。在纪念性建筑内部，还可以采用多种形式，如隔断、隔墙、帷幔家具、透空／露空隔墙、功能性隔断墙、装饰性隔墙、玻璃隔墙、家具围合、展示墙面围合、帷幔、贝壳类垂帘以及柱列等（图3-9～图3-13）。

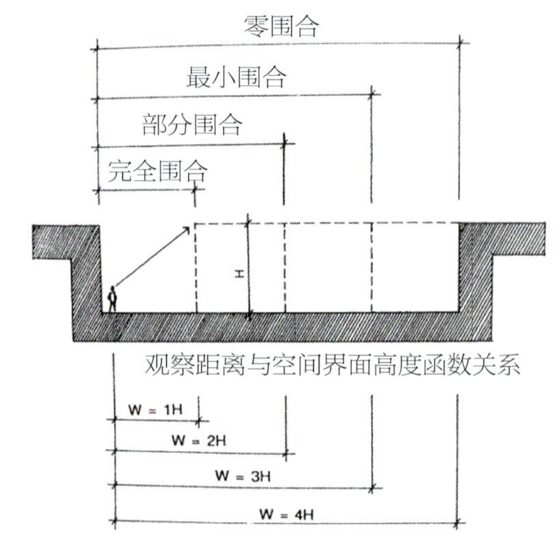

图3-8 空间围合程度

墙体围合1

墙体围合2

图3-9 围合空间

图3-10 围合空间——长廊漏窗半围合空间

图3-11 围合空间——墙体围合

图3-12 围合空间——装饰性隔墙

图3-13 围合空间——柱列限定空间

（2）分割

先对基面进行分割，然后再加上垂直空间界面，即构成新空间。有时界面可以是水平的、倾斜的或者其他形态。基面，就是设计场地地形面。

1）黄金分割。

线段黄金分割是把某一线段分为两段，分割后的长段与原直线长度之比等于分割后短段与长段之比，这种分割法即线段黄金分割。

对于给定线段*AB*，对其进行黄金分割。以*B*点为垂点，做垂线*BC*。以*AB*长度的1/2为半径、*B*点为圆心画弧，交*BC*于*C*点。连接*AC*，得到一个直角三角形。以*C*为圆心、*CB*为半径画弧，与*AC*相交，得点*D*。以*A*为圆心、*AD*为半径画弧，与*AB*相交，得点*E*。所得两线段即为黄金分割线段，其中*AE*为长线段，*EB*为短线段，*EB*与*AE*之比为0.618。在*E*点对线段进行切割，所得的图形会带来视觉上的和谐与美感。

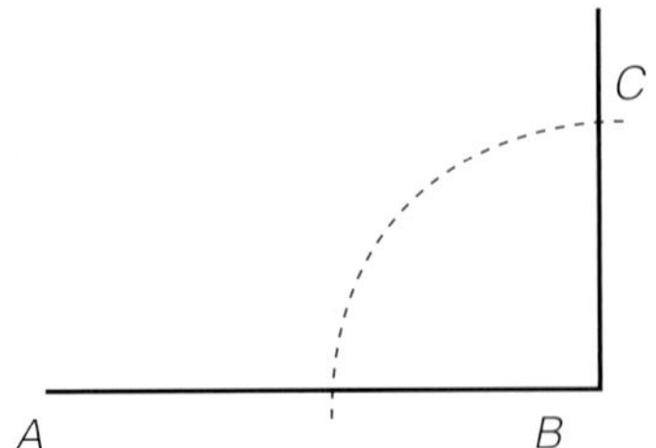

图3-14 线段黄金分割（一）

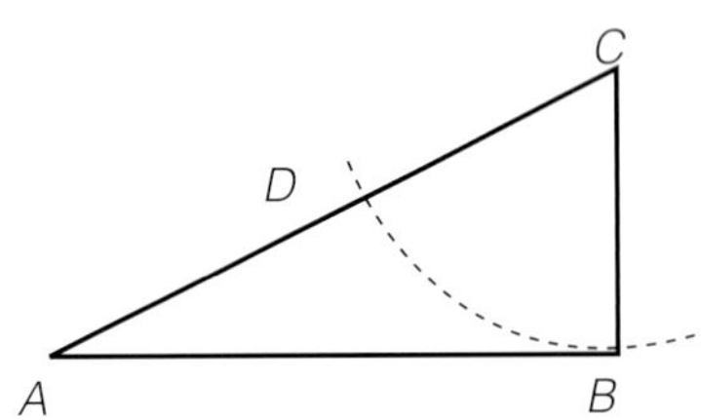

图3-15 线段黄金分割（二）

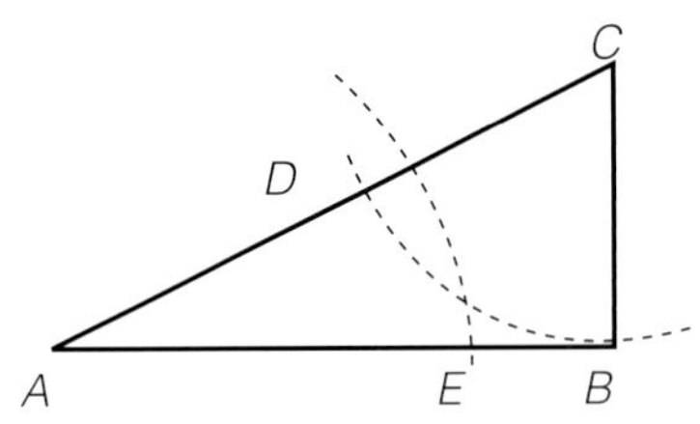

图3-16 线段黄金分割（三）

2）黄金矩形。

纪念性景观设计中，有些要素可以设计成矩形，如水池、花坛、亭等。矩形的长宽比可以多种多样，但一般情况下，在满足结构和功能的基础上，要尽可能使矩形的长宽之比等于或者接近黄金比例，即矩形长宽之比为1.618。这种比例关系，视觉上看起来比较协调、美观。

在图3-17～图3-19中，图3-17为黄金矩形，图3-18是由两个相等的正方形所构成的矩形，图3-19是比正方形稍长一点的矩形。对比这三种矩形在形态上的表现即可发现，图3-18虽然是两个正方形的组合，但长与宽的比值太大，显得太长；图3-19中矩形长与宽的比值趋近于“1”，几乎近于正方形，显得呆板；图3-17中矩形长宽比值为1.618，视觉效果协调、美观、生动、大方。

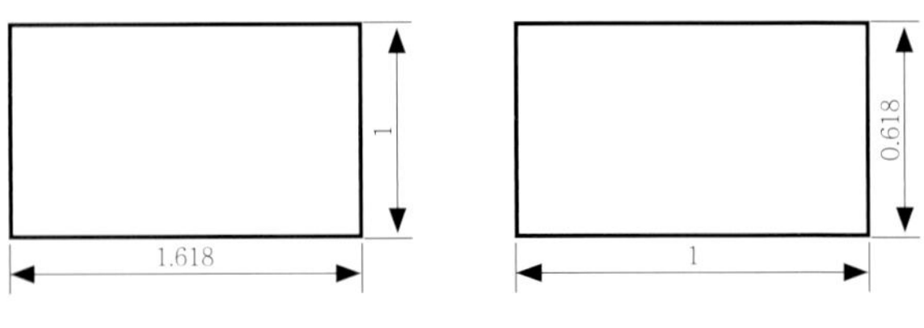

图3-17 矩形与黄金矩形（一）

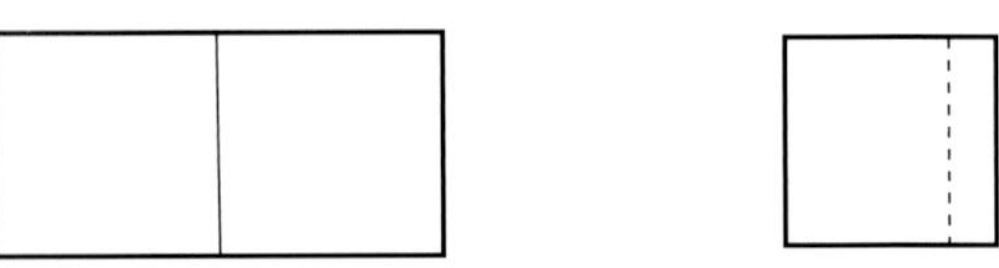

图3-18 矩形与黄金矩形（二） 图3-19 矩形与黄金矩形（三）

战争主题纪念性景观中，一般要设立纪念碑。纪念碑的位置可以用黄金矩形原理进行确定。

设有一长方形地块，长方形*ABCD*，两边长分别为*AB*和 *CD*，宽分别为*DA*和 *BC*。设*DA*=60.0米。以*AD*为边长，绘制正方形*AEFD*，*G*为*AE*的中点（图3-20）。

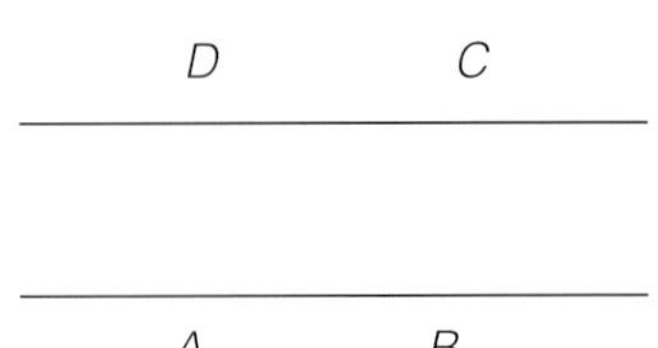

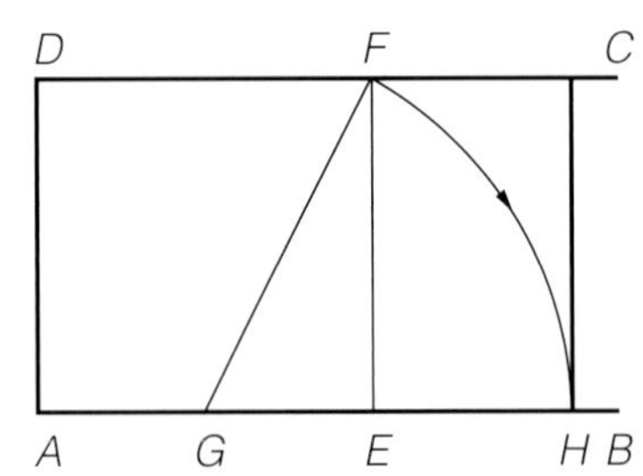

图3-20 用黄金矩形确定纪念碑位置

纪念性景观中主干道、次干道以及游步道的确定，可采用线段黄金比例分割法。图3-21中*C*、*F*、*G*三个点，采用线段黄金比例分割确定，把这三个点连接起来，就是这条游步道的位置。

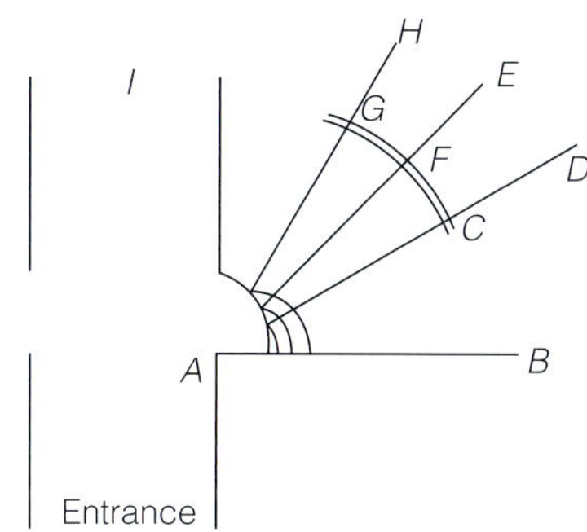

图3-21 线段黄金分割确定游步道位置

图中三条支路与主干道的角度分别为：

AD, $\angle BAD=30^{\circ}$

AE, $\angle BAE=45^{\circ}$

AH, $\angle BAH=60^{\circ}$

3）九宫格。

设有一正方形，将其等分为9个小正方形，就构成九宫格（图3-22）。

2	5				8			
		1		5	9	3		6
	6	8			1			9
	3		8					4
				9				
9					6		5	
5			4			2	3	
7		3	9	8		4		
			6				7	5

图3-22 九宫格分割

4）分形分割。

分形面是非欧几何下，介于一维与二维之间的面。其属于不规则面的一种。根据分形几何原理，可以对面进行分形分割。

① 谢宾斯基地毯（Sierpinski Carpet）。

这是波兰数学家瓦茨瓦夫·谢宾斯基（Wacław Sierpiński）在研究分形结构时所提出的一种分割形式。

其构建方法是：将一个实心正方形划分为3×3的9个小正方形，去掉中间的小正方形，再对余下的小正方形重复这一操作就可得到谢宾斯基地毯。见图3-23。

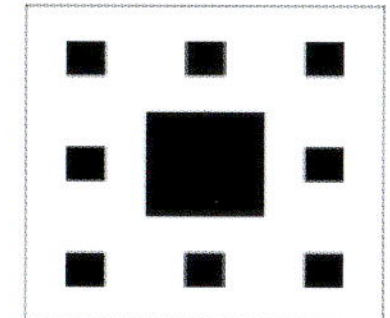

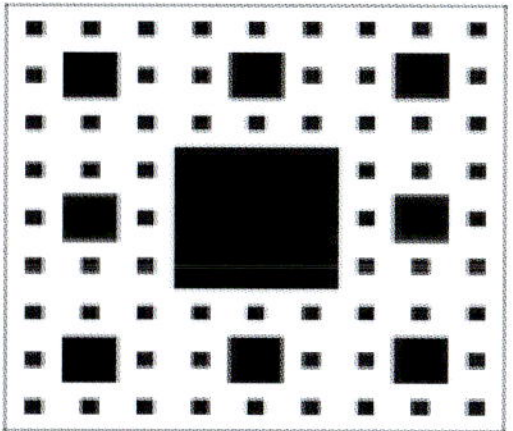

图3-23 谢宾斯基地毯及构建

② 达恩地毯（Dhan Carpet）。

达恩地毯是谢宾斯基地毯的变形。其构建方法是：设有一正方形，将其等分为16个小正方形，把位于四角上的小正方形去掉，即得。见图3-24。

图3-24 达恩地毯及构建

③ 康丽地毯（Kangri Carpet）。

康丽地毯也是谢宾斯基地毯的变形。其构建方法是：设有一正方形，将其分为6个小正方形，最大的一个小正方形占原正方形面积的2/3，余下的5个全等小正方形占原正方形面积的1/3，去掉左下角的一个小正方形，即得。见图3-25。

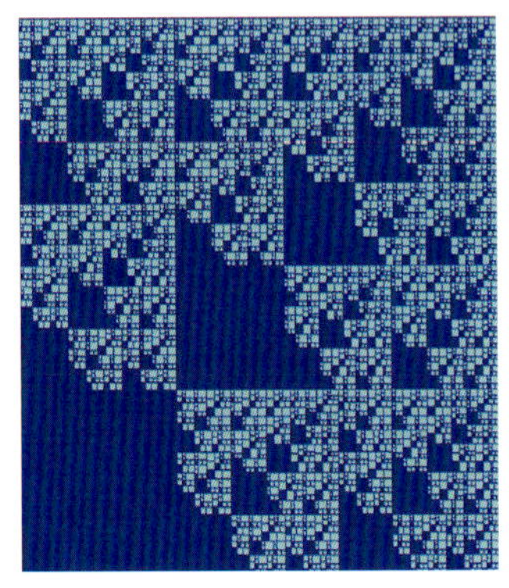

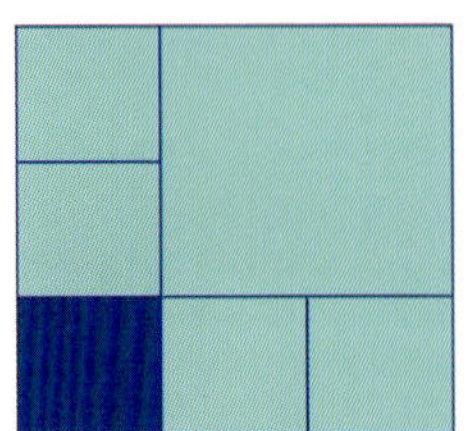

图3-25 康丽地毯及构建

④ 威诺德地毯（Vinod Carpet）。

其构建方法是：设有一正方形，将其分为10个小正方形，最大的一个小正方形占原正方形面积的4/5，余下的9个全等小正方形占原正方形面积的1/5，从左上角开始，每隔一个小正方形去掉一个（图中粉红色标示），即得。见图3-26。

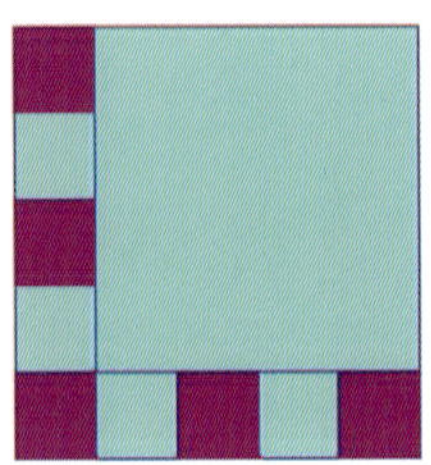

图3-26 威诺德地毯及构建

⑤ 克里什纳地毯 （Krishna Carpet）。

其构建方法是：设有一正方形，将其分为10个小正方形，最大的一个小正方形占原正方形面积的4/5，余下的9个全等小正方形占原正方形面积的1/5，从左上角开始，将第3个小正方形去掉（图中绿色标示），即得。见图3-27。

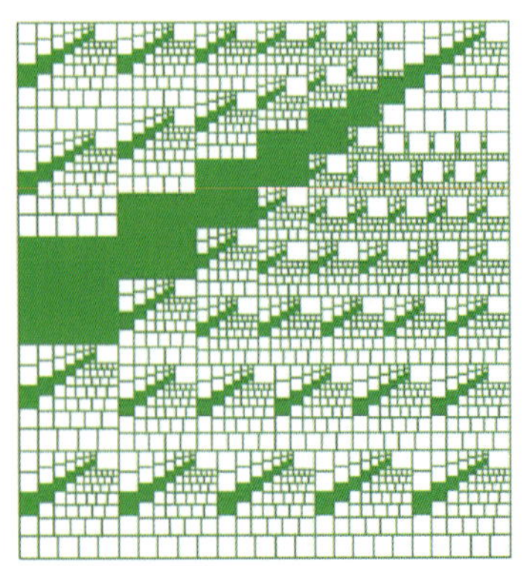

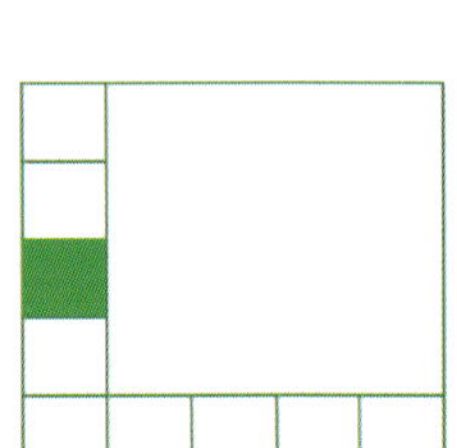

图3-27 克里什纳地毯及构建

⑥ 斯特尔地毯（Stair carpet）。

其构建方法是：把一个正方形划分成9个相等的小正方形，位置（2，3）上的去掉。依次往下循环，就得到图3-28所示的图案。

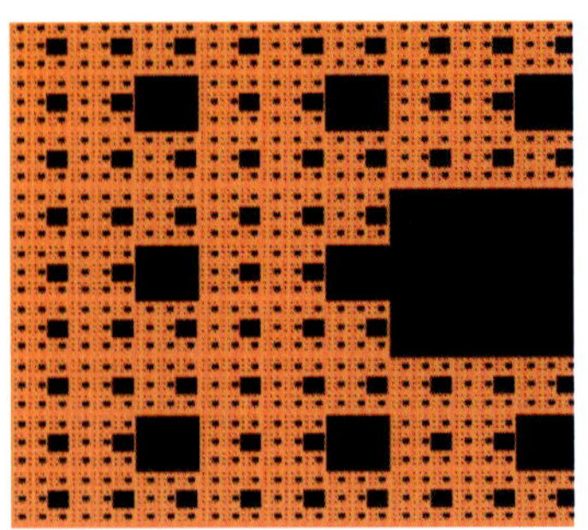

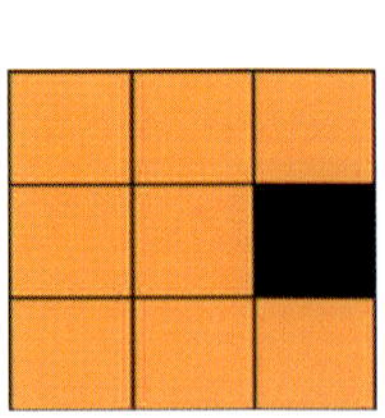

图3-28 斯特尔地毯及构建

⑦ 天窗地毯（Sky window carpet）。

其构建方法是：把一个正方形划分成16个相等的小正方形，位置（2，3）上的去掉。依次往下循环，就得到图3-29所示的图案。

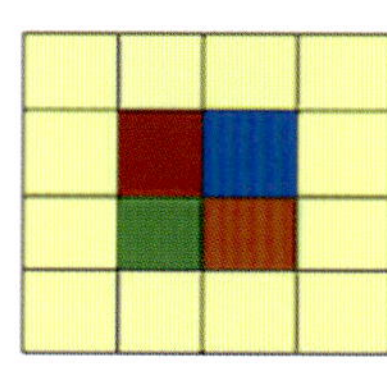
图3-29 天窗地毯及构建

⑧ 块状地毯。

其构建方法如下所述。

把一个正方形划分成16个相等的小正方形，位置（2，2）上的去掉。

把一个正方形划分成16个相等的小正方形，位置（2，3）上的去掉。

把一个正方形划分成16个相等的小正方形，位置（3，2）上的去掉。

把一个正方形划分成16个相等的小正方形，位置（3，3）上的去掉。

依次往下循环，就得到图3-30所示的图案。

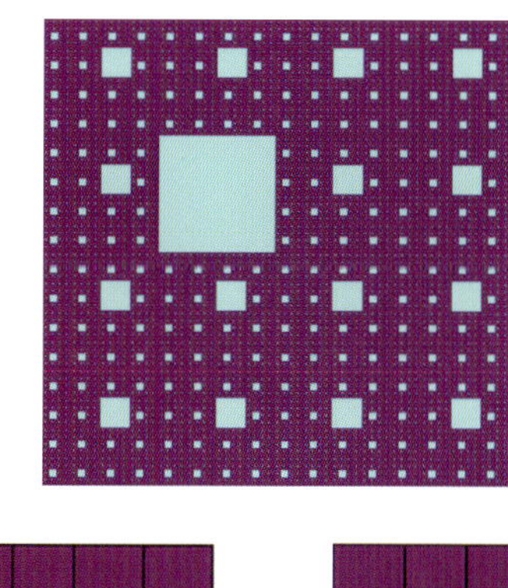
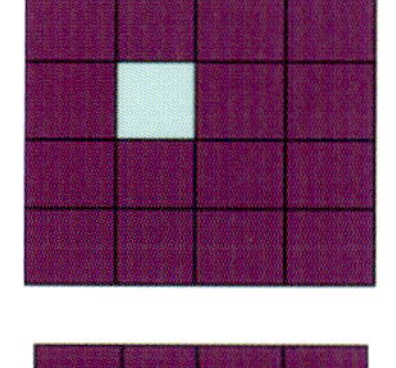
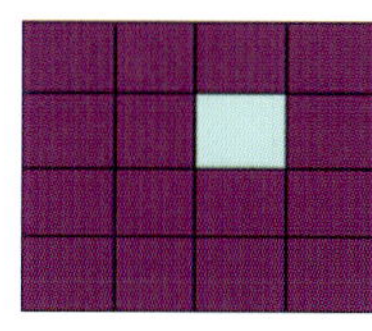
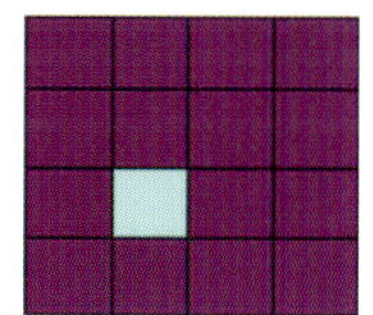
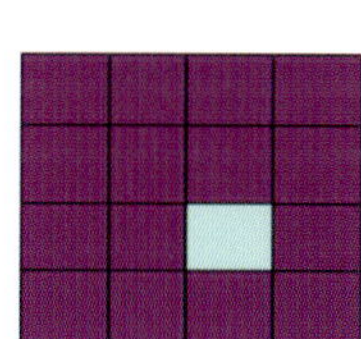
图3-30 块状地毯及构建

⑨ 格尔高谢地毯。

其构建方法如下所述。

最大方格占3/4，其余方格占1/4，左下角的方格去掉。

把一个正方形划分成16个相等的小正方形，位置（1，4）上的去掉。见图3-31。

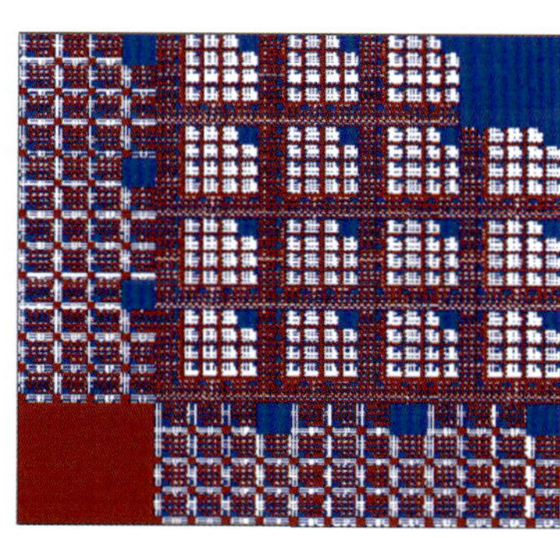
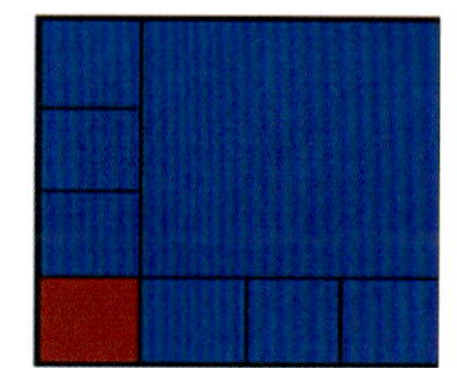
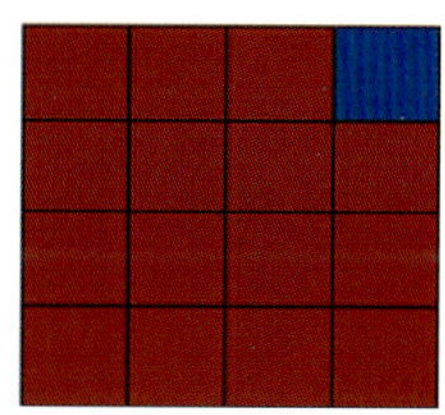
图3-31 格尔高谢地毯及构建

⑩ 花纹地毯。

其构建方法如下所述。

把一个正方形划分成66个相等的小正方形，下列位置上的小正方形去掉：（1，2），（1，5），（2，1），（2，6），（5，1），（5，6），（6，2），（6，5）。见图3-32。

图3-32 花纹地毯及构建

5）正方形直线分割（图3-33）。

水平方向A、B、C、D、E表示纵向分割，垂直方向a、b、c、d、e表示横向分割。分割线的位置不同，所得到的形态也不一样。如aE组合为横向水平等分线与对角线的组合，对角部分相等；Ee组合为对角线交叉四等分分割，所得各部分相等。这种对称性的分割稳定平衡，但使用过多容易使人感觉呆板。b×d×D和a×B×E采用了两种以上的分割方法，得到的形态更富于变化。

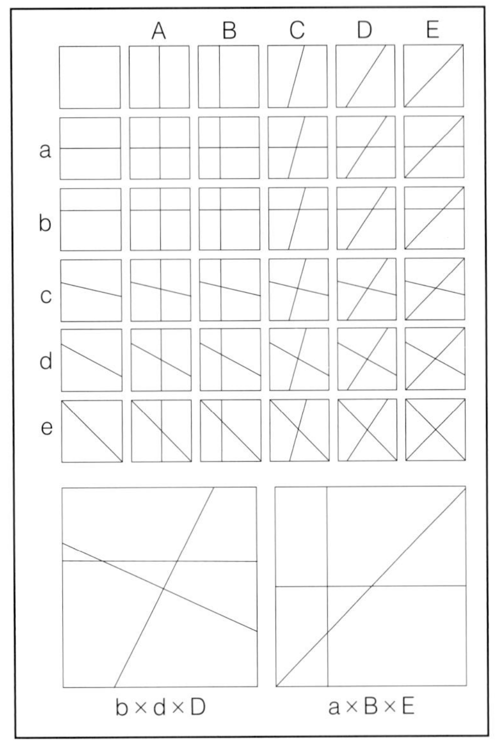

图3-33 正方形画面的直线分割

6）矩形分割。

矩形分割也叫平方根矩形分割，是根据数学比例关系进行分割。分割面具有严格的数学依据，具有逻辑上的合理性（图3-34～图3-36）。

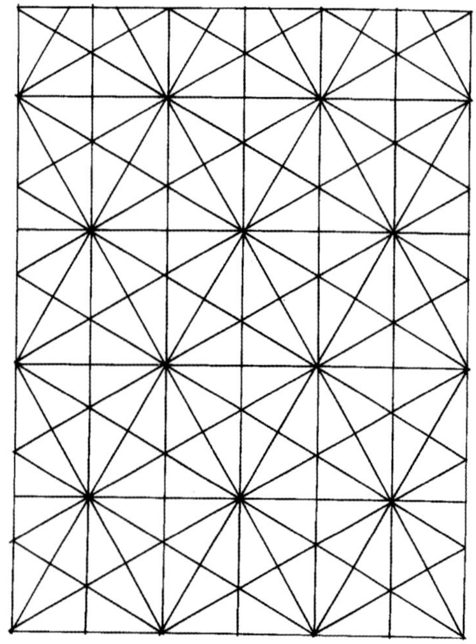

图3-34 矩形分割（小长方形，300/600三角形）

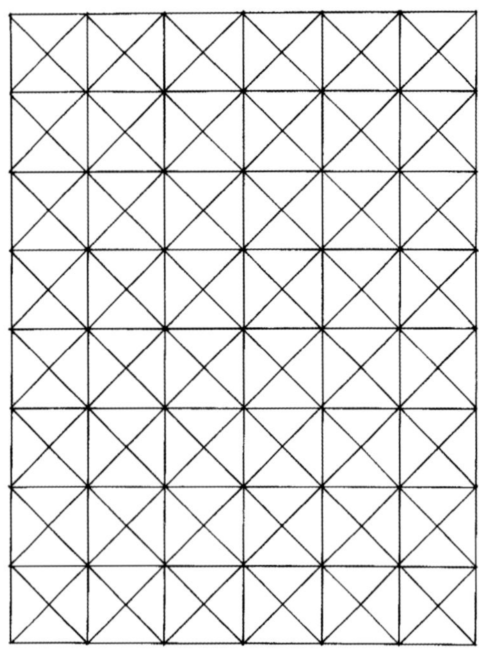

图3-35 矩形分割（小正方形，450/900三角形）

7）倍数分割。

倍数分割也称等分分割，即将被分割整体按一定的倍数进行等量分割，分割后的形态、面积和形状相同。对称分割就是一种倍数分割形式。倍数分割具有匀称、均衡的特点（图3-37）。

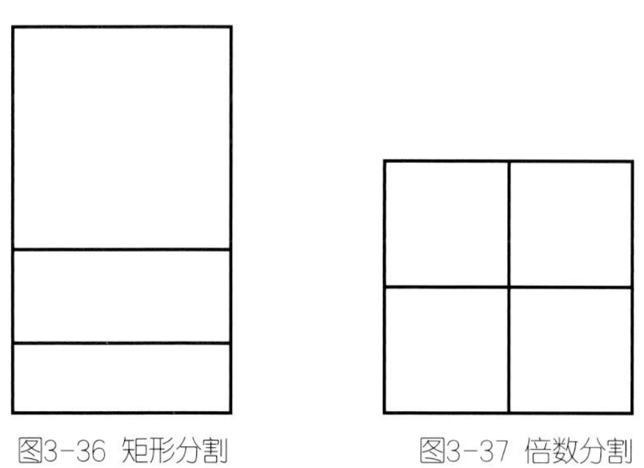

图3-36 矩形分割　图3-37 倍数分割

8）递进分割。

递进分割是指分割间距按照一定的数学规律逐渐增大或缩小，来实现分割的方法。递进分割在视觉上具有渐变性，画面有较强的秩序感和动感（图3-38）。

9）自由分割。

这种分割摆脱了程式化的束缚，没有严格的限制，避免了单调感和生硬感。但是，分割时仍应注意视觉中单位形象的均衡性，按照形式美法则来组织、调整画面，力求在变化中取得某种共性，使画面整体获得统一（图3-39）。

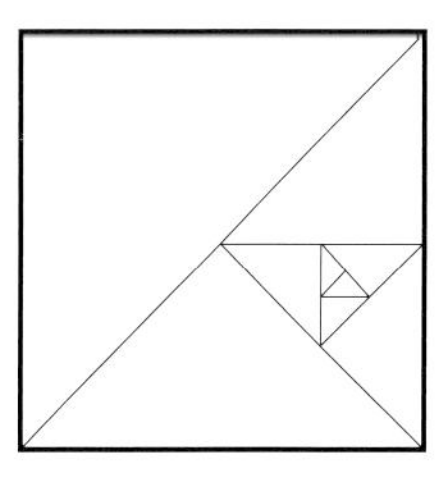

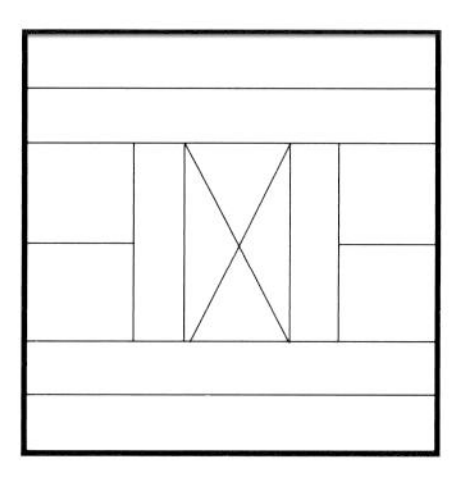

图3-38 递进分割　图3-39 自由分割

（3）凸起

平坦地面凸起，建筑物天花及地面落差变化和凸起，都可以构造新空间。

建筑物地台空间：室内地面局部抬高，抬高面的边缘划分出的空间。

（4）下沉

地形面下沉，如下沉广场，形成下沉空间。建筑物室内地面局部下沉，可限定出一个范围比较明确的空间。

（5）覆盖

覆盖是指在顶子上方采取悬吊或在下面进行支撑，来限定形成空间。形成的空间具有流通性。

（6）动态

三维空间+时间，所形成的四维空间，称为动态空间。常用的动态限定要素包括：

a. 扶梯、电梯。金属玻璃装饰的楼梯、自动扶梯等。

b. 线条。采用具有动态韵律的线条，组织流动空间序列，产生一种很强的导向作用。

c. 自然光线。利用自然光线或灯光的变化使空间具有一定的动感。

顶部采光：光线方向自上而下，亮度高，光色自然，效果宜人。

侧面进光：利用结构形式和材料，使用大面积玻璃幕墙，获得充足的自然光线。

（7）结构空间

纪念性建筑结构构件的外露部分，形成结构空间环境。比如钢结构（轻钢龙骨）+石膏板。

肌理变化是利用空间界面质感变化来限定空间。主要体现在通过材料的质感和凹凸变化，创造出空间氛围。

（8）空间的穿插与贯通

空间界面在水平方向上的穿插、延伸，可以为空间的划分带来更多的灵活性。

两个空间可以相互穿插。

串联式的平面布局，容易组织交通路线。纪念性建筑物连廊部分的收进，可使建筑体块更加明确。

并联式的平面组合，交通组织要尽量明确简捷，避免不必要的交叉。

3.3 纪念性空间序列

系列空间连续排列，构成纪念性景观序列。纪念性景观空间序列大体上可分为两类，即线性序列（程序式序列）和非线性序列（非程序式序列）。线性序列通过明确的路线设计，引导游客沿着既定的路线行进。也就是说，要按照设计者所设定的程序，才能达到预定的游览效果。如苏军柏林纪念碑，就是典型的单一轴线对称式布局，构成一个空间序列。这个空间序列可分为三段。第一段，自入口拱门到母亲雕像。此为空间序列的开始，是情感的酝酿阶段。第二段，自母亲雕像至旗门。这是空间序列的引导，所表现的主题是哀思。第三段，从旗门至纪念碑。这是空间序列的高潮与终结，所表现的主题是胜利。非线性序列，不是按照时间的先后顺序，而是按照空间的主从关系来组织游览线路。游览线路不是唯一的。游客可以在空间与空间之间自由来往与驻留，不受限制地体验空间，感受纪念性氛围。大多数纪念性景观，往往都是这两种空间序列的有机组合。

（1）动态透视空间

人在空间中移动，身体位置不断发生变化，空间界面也相应改变，运动轴线偏离水平方向时，就产生视差。从透视学的角度来说，身体位置的移动，形成重叠透视，创造出多个灭点，从而形成空间视差。一系列的空间视差构成动态透视空间。动态连续透视，看到的是流动的空间、不断变化的空间。人体运动轴线由二维x—y平面，进入到x—y—z所构成的三维空间。

（2）空间连接

纪念性景观中，各个相互独立的空间，可以通过合理的设计实现连接，构成一个整体。常用的连接要素包括长廊、漏窗、门洞、桥梁等，见图3-40 ~ 图3-43。

图3-40 空间连接——圆洞门

图3-42 空间连接——漏窗（一）

图3-41 空间连接——梅花洞门

图3-43 空间连接——漏窗（二）

第4章　纪念性景观主要设计要素

4.1　地形

纪念性景观场地一旦确定下来，原始地形条件基本就确定了。根据设计需要，可以通过填方或挖方对原有地形进行改造，创造出符合纪念主题要求的新地形。填方与挖方处理，详见《园林工程》（第三版，华中科技大学出版社，2013）。有关地形处理，主要考虑以下几个因素。

（1）地形面

纵向方向上，地形起伏变化所形成的轮廓线，称为地形面。纵向上看，其类似于纵剖面线。地形面主要有四种形式，即成角地形面、曲线地形面、结构型地形面和自然式地形面，见图4-1。

成角地形面

曲线地形面

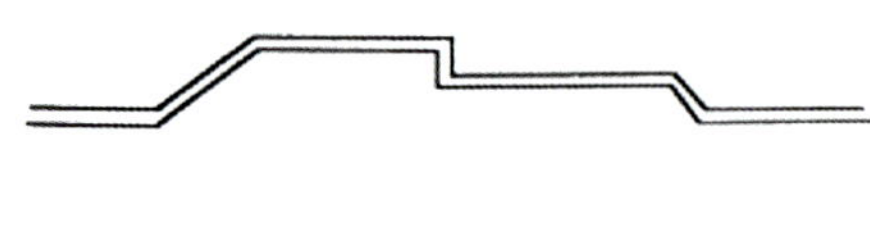

结构型地形面

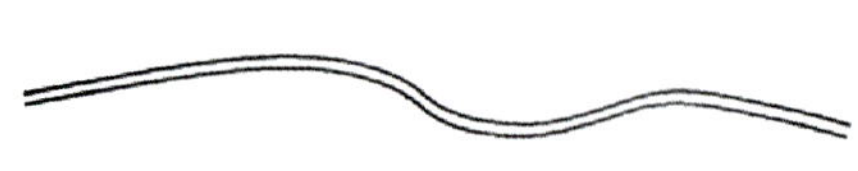

自然式地形面

图4-1 4种不同形态的地形面

成角地形面，让人感觉充满活力和力量。

曲线地形面，显得安静、悠闲、松散。

结构型地形面，由直线和锐角构成。能明显地感觉到其是经过人工设计的。与周边建筑物能够很自然地形成一个整体，起到突出强化的作用。

自然式地形面，自然起伏线条，不形成锐角。场所感较弱。假如与动态结构性建筑要素有机地结合在一起，会创造出强有力的纪念性景观特征。

（2）地形围封

平坦的地形，视野开阔，宽广外向。一般来说，对于这种地形，需要进行地形改造。可以在小范围内堆山，或者挖湖，或者利用其他要素进行地形塑造，如墙体、植物等。平坦地形可进行线性空间设计。视线在一段距离内不受阻挡，表现出很强的透视效果。运用透视原理，巧妙地用植物作为背景，创造出植物与天际线相接的景象。在这种平坦的地形上，可以设置中央轴线，而视觉终点可以是某种标志性建筑物，如华盛顿纪念碑到白宫的轴线。

丘陵、山地等起伏地形，具有围合效应。地形起伏，称为地形肌理。在两道山脊之间，位于山谷底部观察时，视锥越小，围封程度越高。反之，围封程度越低。也就是说，围封程度与地形高度和观察者在垂直高度上的位置有关。见图4-2。地形抬高，视野开阔，空间开敞。在向山顶行进的过程中，心理上会逐渐形成某种崇敬感。有些教堂、寺庙常建在高处，并且设有很长的上升坡道或者大量台阶，就是为了创造这种崇敬感。

地形高于观察者的眼高时，视线被阻挡和围封。被围封的空间，称为视域。两道山脊之间的距离加大，视域随之扩大，景观变得开阔。此类地形称为粗肌理地形。随着距离的缩小，空间变小，从心理上来说呈现出遮挡效应，私密感增强。这种地形，空间较小，更具人性化尺度，称为细肌理地形。见图4-3。下沉地形，可以看作细肌理地形的一种。地形下沉之后，空间相对封闭和私密，视野受到限制。游客在心理上感到放松和沉静，自然生发出一种沉思缅怀的心境，有利于纪念信息的传达。

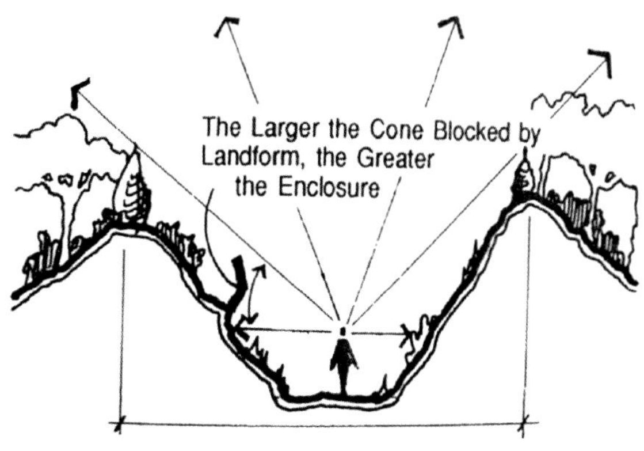

图4-2 地形围封

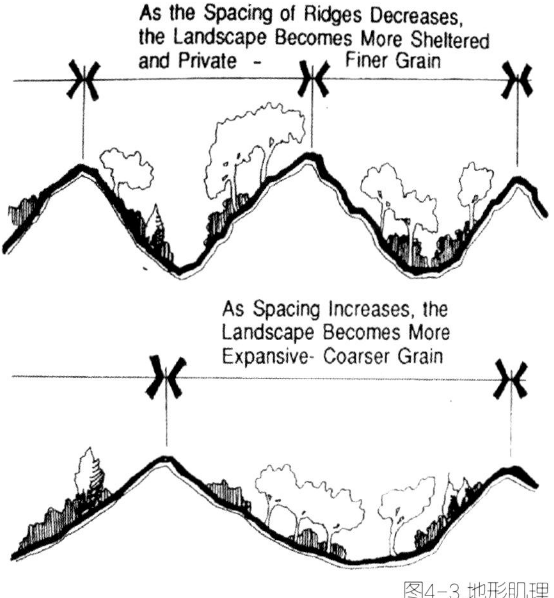

图4-3 地形肌理

（3）坡度

坡度与排水和植被密切相关。土方开挖或者填埋过程中，都会“自然”形成一个坡度角。坡度角的大小因土壤类型而不同。有植被生长的土壤，开挖深度可以比填埋深度大一些。植物对土壤具有固着作用，使土体比较稳定。假如所需要的土体，其坡度大于土壤稳定自然坡度，那么，就需要计算土壤的静止荷载能力，然后采取必要的安全措施。坡度角对于沟槽开挖特别重要。

如果坡度较陡，可以将地形改造成台地，比单一坡面要稳定得多。植被类型不同，对坡度的要求也不同。需要高强度管理的草坪（例如大量浇水、定期修剪），使用机器进行修剪的话，坡度不能大于15%。耐旱草坪、草地以及生命力强的地被植物，不需要进行高强度的管理，坡度可以陡一些。对于既定的坡度，只有某些植物能够选用。如果坡度大于1：1，就需要采取额外的加固措施。见图4-4。

坡向影响太阳辐射的再分配，进而影响到局地小气候。北半球较高纬度地区，南向坡，更适合于建设建筑物。纪念性景观与其他用途相结合时，北坡适合于建造滑雪道，因为北坡能避免阳光的直射，防止积雪融化。坡向一般为8个，分别是北、东北、东、东南、南、西南、西和西北，可用阴影或者不同颜色来表示。北半球北坡，一般用冷色或深色阴影表示。

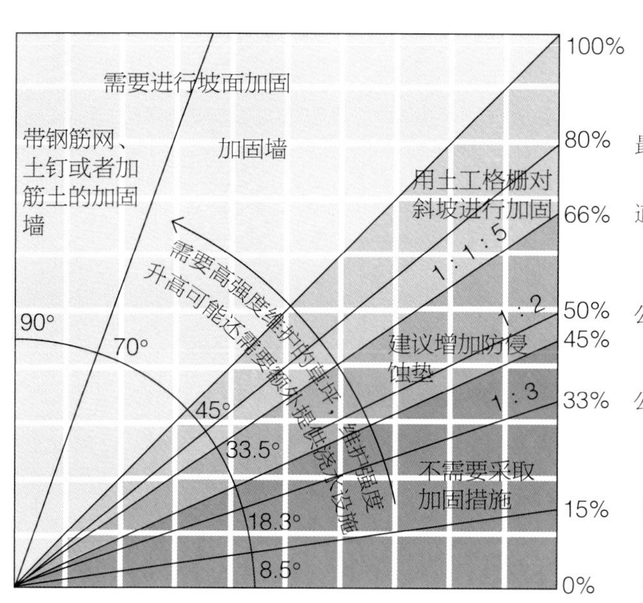

最大自然坡度角（根据土壤类型，坡度可能小一些）
道路和水渠建设常规斜坡，不需要加固的斜坡最大值
公园中坡面草地最大值
公园中坡面草坪最大值
割草机的使用不受限制
有些值为零

图4-4 不同坡度上的植物种类和加固方法

（4）排水与侵蚀防护

根据地形特点，可以采用明渠排水或暗渠排水。山地地形，侵蚀防护极为重要。最简单的防护措施，就是种植植物。通过植物根系，对土壤进行固着吸附。有时，还需要建立挡土墙，采用土工格栅和土工织物等材料，对坡面进行加固。坡度很大的地形，例如地形面坡度大于25％，一般不允许进行工程建设。坡度8％～15％或者15％～25％时，需要采用特殊的设计施工方法，才可以进行建设。特别平缓的场地，比如坡度小于1％，可能会造成排水不良，需要特别注意排水设计。

4.2 水体

“园可无山，但不可无水”，纪念性景观也常常利用水体来表达纪念主题。美国93号航班纪念园，就是把湿地改造成一个人工湖，采用静水表达纪念主题。911纪念公园，采用动水——瀑布的形式，创造出巨大的太虚空间，表达生命的缺失。伦敦海德公园中的戴安娜王妃纪念园（图4-5），采用椭圆形的动水水体，象征戴安娜王妃一生的生活经历。荷兰水防线公园更是完全以水为主体的纪念性公园。水体在纪念性景观中的应用是很广泛的。自然界中，水的存在形态多种多样，如静水、动水、雾化水等。水无形，但盛载它的容器有形，因而也就有了池塘、喷泉、湖泊、跌水、瀑布、水雾等各种水的形态。

单从动态方面来看，可分为静态水和动态水两类。静态水让人感觉安静平和，有促使人们沉思遐想的效应。纪念性景观中，静态水大多采用比较简单的几何形态，如矩形、圆形、三角形等。周边建筑、树木、雕塑以及游客，倒映于平静的水面上，创造出多维空间，空间尺度感得到增强。动态水可用来表达时间的流逝。诺曼底战役纪念园，穿过树林和草地，就是一片动水。水漫过边缘注入下面的水池中，象征战士们的生命在流逝，最终归于平静。

图4-5 伦敦海德公园中的戴安娜王妃纪念园

4.3 植物

在纪念性景观中，植物是必不可少的构成要素。植物的作用是多方面的，比如象征、空间创造、障景、纪念情感表达和纪念气氛的烘托等。松柏象征万古长青，在纪念性景观，特别是在陵墓景观中是最常用的植物。垂柳代表情意连绵，国槐象征长寿，柿树象征圆满等。空间的营造离不开植物，可以围封形成空间，也可以通过分割对空间进行限定。地被植物和低矮的灌木，对空间边界具有暗示作用。植物的干形、叶色和质感，都可以创造出不同的空间形态。

（1）植物线性特征

经过合理的设计安排，植物可以体现出某种线性特征，可以是直线、曲线、渐进线或者其他几何形状。直线排列或者呈规则几何形体排列的植物，体现出人工设计的痕迹。有些地区，鸟儿停留在电线和电线杆上，因排泄而形成天然播种，也会形成直线排列的植物群体。道路两旁的行道树，沿着道路呈线性排列。一方面强化道路的线性感觉，另一方面又可作为与周边建筑连接的媒介。见图4-6、图4-7。

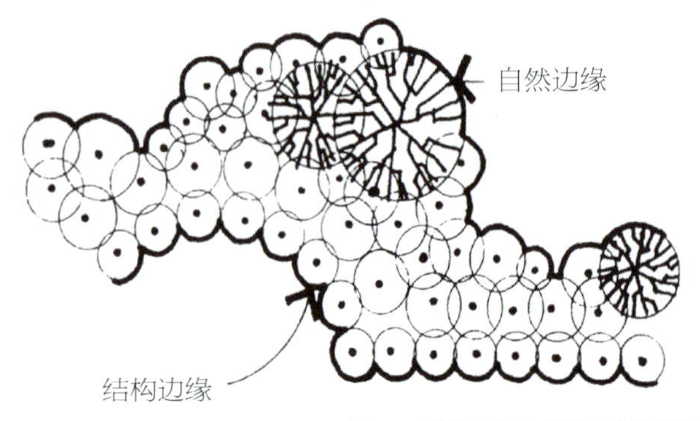

图4-6 群植植物边缘构成线状特征

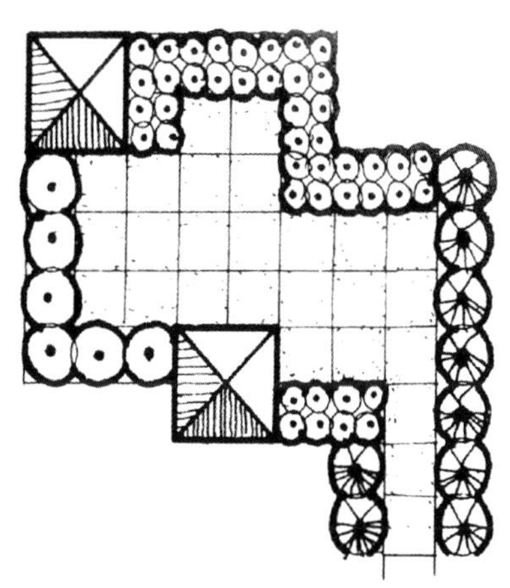
图4-7 线性排列的植物连接造园要素

（2）植物空间限定

植物具有空间限定的功能。所形成的空间具有不同的类型。从空间尺度上来看，可分为亲密空间和公共空间。根据空间的方向，可分为水平空间和垂直空间。按照围封程度，可分为完全围封空间、开放空间和无限空间。见图 4-8。

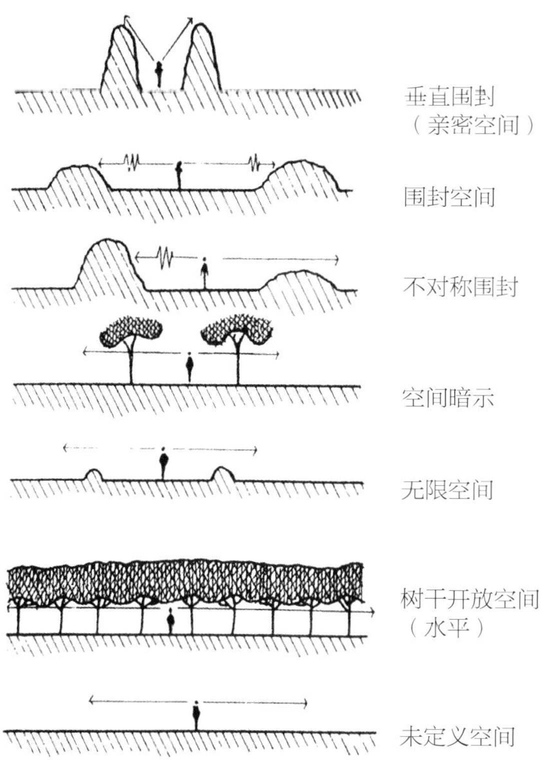

图4-8 空间类型

大乔木（树高达12米）和小乔木（树高在9～12米之间），从外围看，形成一片树林。在树林内部，借助于树干的覆盖，形成封闭空间。树干隐含空间，但并不围封。这种空间通常是仅有天花板和柱列，没有墙体，在眼高位置是开敞空间。

高5～6米的小乔木和灌木花卉植物，树冠高于头顶时，构成亲密空间。树冠处于眼高位置时，围封形成空间。见图4-9。

图4-9 空间暗示

（3）植物色彩

在纪念性景观中，植物色彩在纪念情感表达中具有重要作用。淡绿色让人感到新鲜有生气，特别是春天的枝叶，更是充满生机和活力。色彩明亮，让人感到兴奋。暗色植物让人感到阴郁沉闷。叶片色彩包括黄绿、深绿、铁锈色、青铜色和紫色等。植物色彩，主要是通过花、果实、叶片、树皮、小枝条和大枝条等表现出来。花的颜色变化丰富，非常具有动感，但是，通常寿命很短。果实的颜色，可以与叶片形成鲜明的对比，对叶片色彩起到补偿作用。特别是冬季叶片脱落之后，仍然悬挂在树枝上的果实非常动人。树皮、小枝条以及较大的枝条，与果实和花相比，色彩一般较淡，通常仅在冬天才能够体现出最好的效果。

4.4 雕塑

在纪念性景观中，雕塑是不可或缺的重要因素，几乎每个纪念公园都有雕塑。

雕塑作为一种艺术形式，根据功能，可分为纪念性雕塑、功能性雕塑、装饰性雕塑、主题性雕塑和陈列性雕塑五种。根据材料的不同，可分为根雕、泥雕、陶瓷雕塑、石雕、玻璃钢雕塑等多种类型。纪念性雕塑，是以历史上或现实生活中的人或事件为主题，用于纪念重要的人物和重大历史事件。一般这类雕塑多在户外，如四大自由公园中罗斯福头像。户外一般与碑体相配置，或雕塑本身就具有碑体意味。也有设立在户内的。功能性雕塑，将艺术与使用功能相结合，首要目的是使用，比如垃圾箱、儿童游乐设施等。装饰性雕塑，主要目的就是美化生活空间，表现内容极广，表现形式多姿多彩。纪念公园中的小品大多属于此类。主题性雕塑，是为某个特定地点、环境、建筑或其他要素而创作的雕塑。纪念性景观中的雕塑属于这一种类型。陈列性雕塑，又称架上雕塑，主要用于陈列和展示。多是为了表现作者个人的思想和感受、风格和个性，或者某种新理论、新思想，尺寸一般不大。纪念性景观中，最著名的雕塑莫过于美国南达科他州拉什莫尔山国家纪念公园（Mount Rushmore National Memorial）中的总统雕塑了（图4-10）。图中，从左到右分别为：乔治·华盛顿（George Washington），美国首任总统；托玛斯·杰佛逊（Thomas Jefferson），参与起草《独立宣言》的开国功勋，美国第3任总统；亚伯拉罕·林肯（Abraham Lincoln），美国第16任总统，1863年颁布《解放黑奴宣言》；狄奥多·罗斯福（Theodore Roosevelt），美国第26任总统。

纪念性公园中设置雕塑，关键是要紧扣纪念主题。与战争相关的纪念性公园，雕塑多为士兵或将军，用以再现战争当时的场景，如土耳其阿塔图克纪念公园等。其他场景中的雕塑，也需要与纪念主题相匹配。

图4-10 拉什莫尔山国家纪念公园总统雕塑

4.5 建筑物

纪念性景观中，建筑物具有举足轻重的作用。战争主题纪念性景观，纪念碑是必不可少的（图4-11）。其他类型的纪念性景观，出于主题表达或者游客参观的需要，都需要设计建设建筑物，比如亭、高台、墙体等。纪念性建筑物，就是“某种建筑或结构，用以纪人或纪事，有时也用来追忆某个自然地理现象或历史遗址。小到一块墓碑，大到一块巨大的岩刻，具有功能意义，也可以仅具纯粹象征意义”。

根据建筑形式，纪念性景观中的建筑物，常见的有纪念碑、纪念墙、纪念塔、纪念亭、牌坊、牌楼、凯旋门、陵墓、纪念堂馆以及纪念性雕塑小品等。不同的纪念主题，对应着不同的建筑物形式。人物主题，一般有纪念碑、事迹陈列馆等。陵墓主题，一般有陈列馆、悼念室等。古代陵墓，多建有地下墓室，还有甬道、石像生等。事件主题，大多都需要有陈列馆。

图4-11 山东济南英雄山烈士陵园纪念塔

4.6 文字

文字是最重要的纪念载体之一。一般都雕刻在大理石上。如911纪念公园遇难者的姓名，雕刻在太虚空间的外缘。阿塔图克纪念碑碑文就雕刻在纪念碑座上，雕刻内容如下。

鲜血流淌失去生命的英雄们，
安眠在友好国度的土壤上。
静静地安息吧！
在这里，
约翰尼与穆罕默德并无高低贵贱之分，
肩并肩地长眠在一起。
您们，母亲们，
把儿子送往遥远的国度，
现在可以把泪水擦干了，
您的儿子就活在我们的怀抱里，
平静而安祥。
在这片土地上，
他们失去生命，
自然也就是我们的儿子。

——阿塔图克，1934

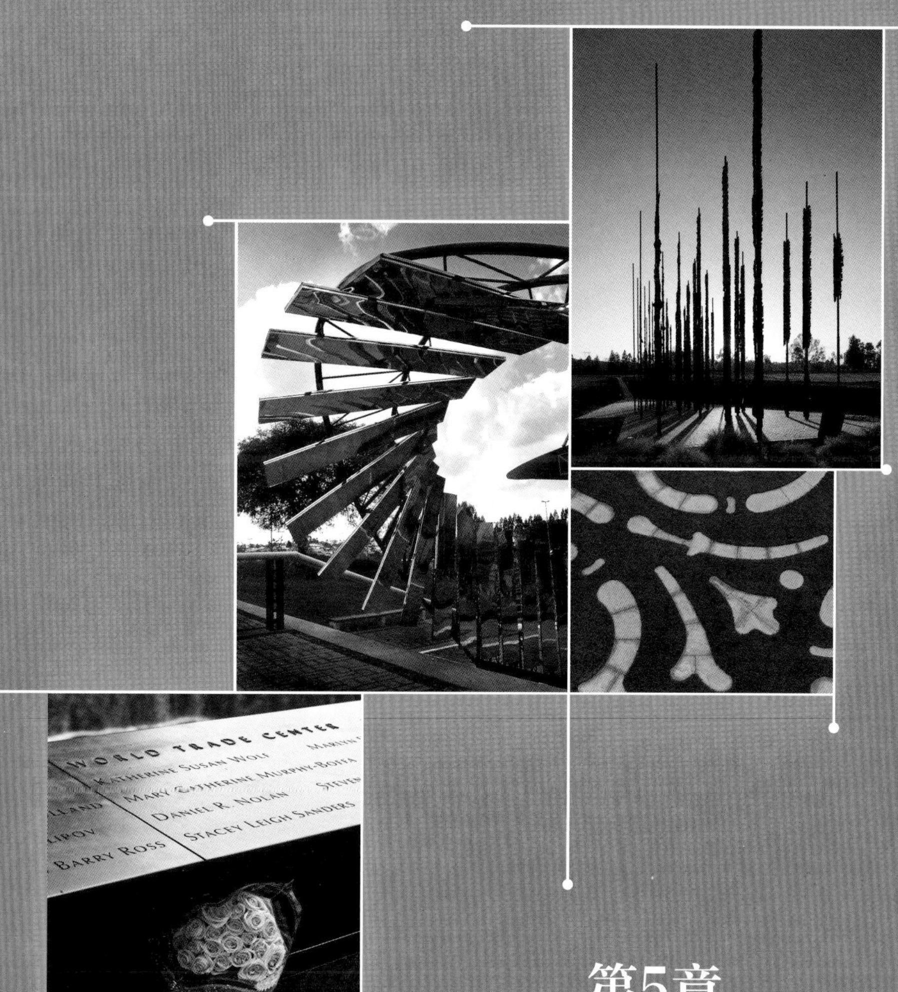

第5章
纪念性景观设计实例

POWERFUL NEW NATIONAL MONUMENT MARKS NELSON MANDELA'S CAPTURE SITE IN NATAL MIDLANDS

纳尔逊·曼德拉被捕地新建国家纪念性雕塑

Location: KwaZulu-Natal Province, South Africa
Artist: Marco Cianfanelli
Architect : Jeremy Rose and Gilbert Balinda - Mashabane Rose Associates
Landscape Design: Justdigit - Natasha Strong
Materials of Sculpture: Painted laser-cut mild steel & steel tube construction/ to be rusted

地点：南非，夸祖鲁－纳塔尔省
艺术家：马克·曹斐内力
建筑师：杰里米·罗斯和吉尔伯特·巴林达——Mashabane Rose 设计事务所
景观设计：杰斯特迪吉特－娜塔莎·斯特郎
雕塑材料：喷漆激光切割低碳钢和（生锈）钢管结构

In 1962, on 5 August, an otherwise ordinary piece of road along the R103, approximately three kilometers outside Howick, KwaZulu-Natal, suddenly took on profound consequence. Armed apartheid police flagged down a car inwhich Nelson Mandela was pretending to be the chauffeur. Having succeeded in evading capture by apartheid operatives for 17 months, Mandela had just paid a clandestine visit to ANC President Chief Albert Luthuli's Groutville home to report back on his African odyssey, and to request support in calling for an armed struggle. It was in this dramatic way, at this unassuming spot, that Nelson Mandela was finally captured, and proceeded to disappear from public view for the following 27 years.

Marking the 50-year anniversary of what began Nelson Mandela's 'long walk to freedom' – and the piece of land that, quite randomly, irrevocably altered the history of South Africa – is a quietly powerful new sculpture, set into the environment of this silently potent space. Made possible by the Department of Co-operative Government and Traditional Affairs (COGTA) the uMngeni Municipality, the Apartheid Museum and the KwaZulu Natal Heritage Council (AMAFA) in association with the Nelson Mandela Centre of Memory, this historic memorial site was inaugurated and unveiled on the 4th of August 2012 by President Jacob Zuma.

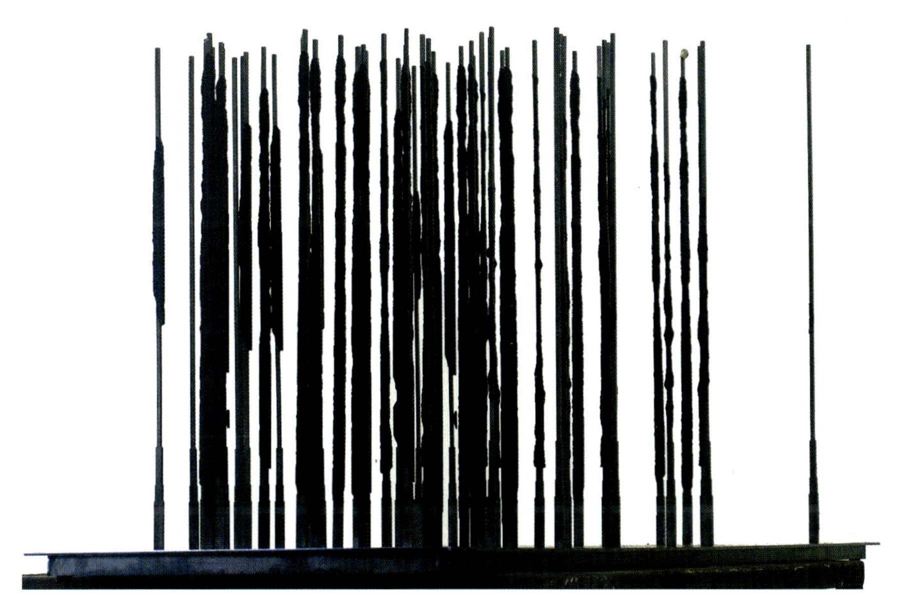

The sculpture, by artist Marco Cianfanelli, significantly comprises 50 steel column constructions – each between 6.5 and 9.5 metres tall – set into the Midlands landscape. The approach to the site, which has been designed by architect Jeremy Rose of Mashabane Rose Associates, leads one down a path towards the sculpture where, at a distance of 35 meters, a portrait of Nelson Mandela, looking west, comes into focus, the 50 linear vertical units lining up to create the illusion of a flat image.

Cianfanelli's perceptive rendering of this meditative image of the international icon – a portrait achieved from interpreting composites of several portraits of Mandela sourced off the Internet, and a film grab – is appropriately monumental, yet fittingly transient and delicate. From its main focal point, the sculpture reads as a familiar photographic image, structurally suggestive of his incarceration, while from a side view, the design and arrangement of the columns create a sense or moment of fracture and release. Cianfanelli comments on the deliberate structural paradox, that, "this represents the momentum gained in the struggle through the symbolic of Mandela's capture. The 50 columns represent the 50 years since his capture, but they also suggest the idea of many making the whole; of solidarity. It points to an irony as the political act of Mandela's incarceration cemented his status as an icon of struggle, which helped ferment the groundswell of resistance, solidarity and uprising, bringing about political change and democracy".

1962年8月5日，在R103一段看起来很普通的道路上，距离夸祖鲁—纳塔尔霍威克镇大约3千米处，突然发生了一个影响深远的事件。一伙武装种族隔离警察，挥旗示意一辆小汽车停下来，纳尔逊·曼德拉正装扮成司机驾驶这辆小汽车。他已经连续17个月，成功地逃脱了种族隔离警察的追捕。现在，他正要去秘密拜访住在格卢威勒镇（Groutville）的非洲国民大会主席阿尔伯特·卢图里（Albert Luthuli），向其汇报有关非洲的活动情况，请求获得武装斗争的支持。正是以这种戏剧性的方式，在这个未曾预料的地点，纳尔逊·曼德拉最终还是被捕了，从公众视野中消失了，一去就是27年。

为了纪念纳尔逊·曼德拉从事“自由解放事业”50周年，在这块改变南非历史的土地上，在寂静的广阔空间之中，建立了一座新雕塑。uMngeni市政府与传统事务合作厅（the Department of Co-operative Government and Traditional Affairs）、种族隔离博物馆（the Apartheid Museum）、

The sculpture, which eloquently both impacts and becomes part of the surrounding landscape, visually shifts throughout the day, with the sculpture itself being affected by the changing light and atmosphere behind and around it.

Cianfanelli has included an additional 5 smaller columns to create an axis from the main sculpture to the monument site across the road.

Key behind the development and realisation of this memorial site, the Director of the Apartheid Museum, Christopher Till, remarks that this project holds as "an example of how the installation of art into a site of history and heritage can be a catalytic and powerful force".

The uMngeni municipality, with the assistance of COGTA's "government through corridor development fund", has further acquired the property adjacent to the capture site on the R103 and has commissioned a plan for the establishment of a museum, multipurpose theatre and amphitheatre, tourism and supporting educational and cultural facilities to be situated on this site, which will create job opportunities for the local community. This iconic image will become synonymous with the event marking the site of his capture and will no doubt become a major tourist attraction at this significant heritage site.

南非夸祖鲁纳塔尔遗产委员会 (the KwaZulu Natal Heritage Council，AMAFA)以及纳尔逊 · 曼德拉纪念中心，联合促成了这个项目。这个历史性纪念场地，于2012年8月4日，由雅各布 · 祖马总统主持，举行了落成典礼。

这座雕塑由艺术家马克 · 曹斐内力（Marco Cianfanelli）设计，由50根钢柱组成，钢柱长度在6.5米至9.5米之间，镶嵌在米德兰（the Midland）景观之中。场地造型，由Mashabane Rose 设计事务所的建筑师杰里米 · 罗斯（Jeremy Rose）设计。一条向下倾斜的道路通向雕塑，在距离雕塑35米处，纳尔逊 · 曼德拉的肖像出现在眼前，其面向西方，构成视觉焦点。在这里，50根垂直立柱排列在一起，形成一个平面肖像。

对于这个具有国际影响力人物的沉思肖像，曹斐内力的描绘颇具洞察力。这座雕塑参照曼德拉的多个肖像创作而成，既有来自网络的，也有来自电影剪辑的。这个独特的纪念性雕塑，看起来极其微妙。从主要视觉焦点上来看，雕塑看起来就像是一张人们所熟悉的相片。在结构设计上，暗示他曾经遭受过监禁。从侧面看，立柱的设计与安排，创造出某种破碎与释放的感觉。对于这种有意识的、结构上的矛盾设计，曹斐内力说到：“通过曼德拉被捕这个象征性的设计，体现出通过斗争所获得的动力。50根立柱，象征着自从被捕之后的50年。但是，同时也体现出这么一种思想：无数个体形成一个整体，也就是团结。水泥灌注的雕塑作为一种斗争的标志，对于把曼德拉监禁的那种政治行为，是一种讽刺和嘲弄。这种讽刺和嘲弄，有助于激发反抗热情，团结起来开展运动，促使政治和民主产生变革。”

这座雕塑极富表现力，既对周围环境产生强烈的影响，又是整体环境的重要组成部分。从早到晚，雕塑本身在视觉上不断发生着变化。不断变化的光照及其背景环境，对雕塑也会产生强烈的影响。

曹斐内力还另外设计了5根比较低矮的立柱，在主雕塑与路对面的纪念场地之间，创立出一条轴线。

关于这个纪念性场地的开发与实施，其关键的问题，正如种族隔离博物馆馆长克里斯托夫 · 蒂尔所评论的那样：“这个项目是一个很好的实例。它把艺术嵌入历史文化遗产之中，成为一种催化剂和强大的推动力。”

uMngeni市在政府与传统事务合作厅的协助下，利用“政府走廊发展基金”，取得了R103路靠近曼德拉被捕地的地产，并且已经制订开发规划，包括博物馆、多功能剧院和露天剧院，以及旅游教育文化设施。这些设施的建设，将为当地社区创造更多的工作机会。这座标志性的雕塑，作为曼德拉被捕之地的象征，在这块重要的历史性场地之中，毫无疑问将会成为重要的旅游景点。

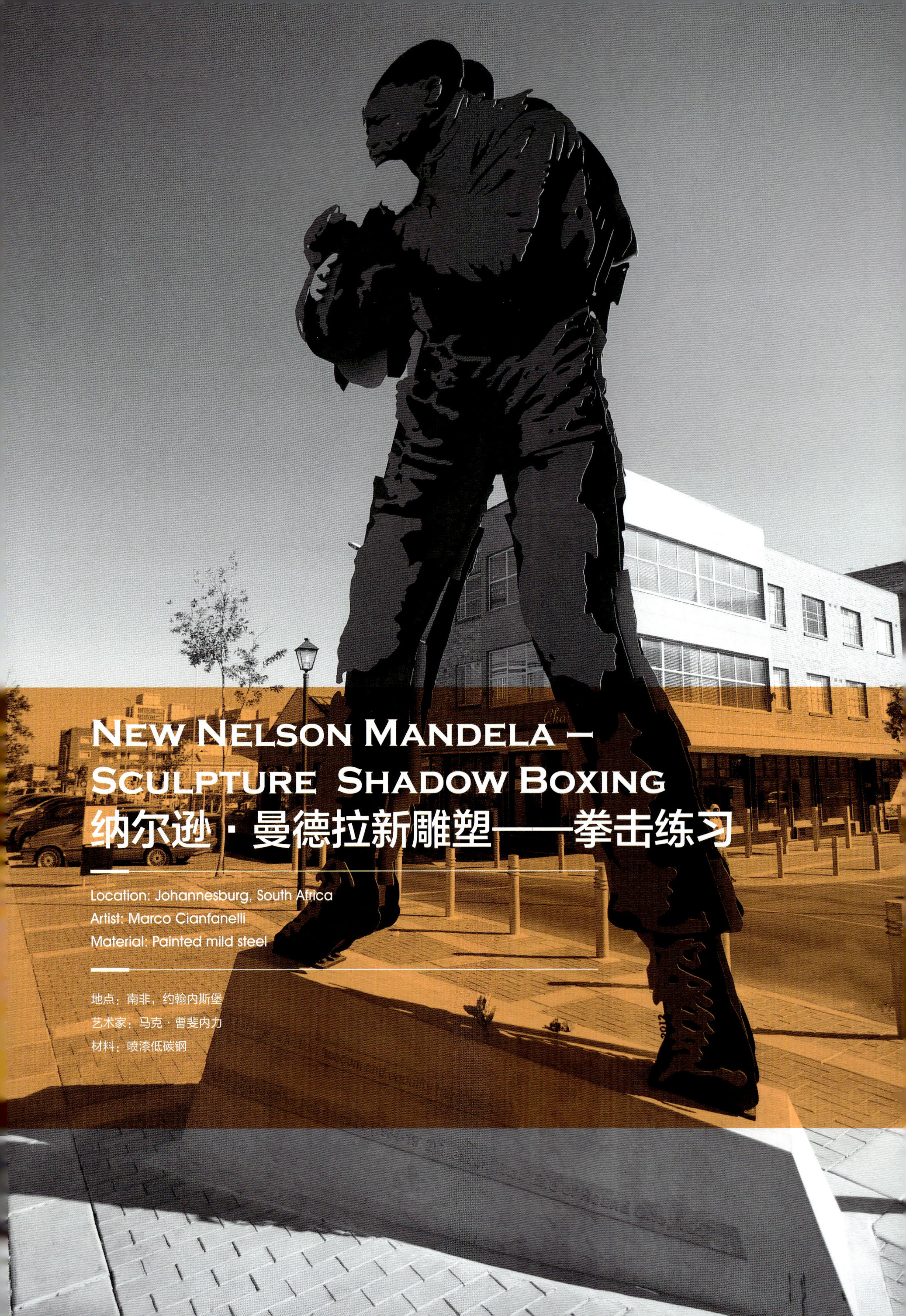

New Nelson Mandela – Sculpture Shadow Boxing

纳尔逊·曼德拉新雕塑——拳击练习

Location: Johannesburg, South Africa

Artist: Marco Cianfanelli

Material: Painted mild steel

地点：南非，约翰内斯堡

艺术家：马克·曹斐内力

材料：喷漆低碳钢

A new public sculpture, commissioned by the Johannesburg Development Agency on behalf of the City of Johannesburg, with the assistance of the Nelson Mandela Centre of Memory (Nelson Mandela Foundation) and Bailey's African History Archive, will be inaugurated in the Westgate Precinct, opposite the Magistrate's Court.

The sculpture, titled Shadow Boxing, is a sculptural translation by Johannesburg-based artist Marco Cianfanelli after the famous photographs by Drum magazine photographer, Bob Gosani, which depict Nelson Mandela sparring with boxing champion Jerry Moloi on the rooftop of the South African Associated Newspapers office in 1957. This sculpture features the young Mandela set onto a concrete base that reads:

"In the ring, rank, age, colour and wealth are irrelevant." Nelson Mandela pays homage to justice, freedom and equality which is hard-won. After photographer Bob Gosani's (1934-1972) Treason Trial: End of Round One, 1957.

Conceived as a site-specific work – both for its position opposite the Magistrate's Court and to pay homage to Bob Gosani who was born at No. 3 Ferreira Rd, in Ferreirasdrop, opposite the Court, and continued to live in the area – Cianfanelli has used the image of the boxer to reflect the philosophies of fairness, equality and objectivity that the rules of boxing avow: a metaphor of the legal system whose chambers this boxer faces, and one frequently used by Mandela to assert those same ethics in the context of law and justice.

"I did not enjoy the violence of boxing so much as the science of it. I was intrigued by how one moved one's body to protect oneself, how one used a strategy both to attack and retreat, how one paced oneself over a match. Boxing is egalitarian. In the ring, rank, age, colour and wealth are irrelevant. When you are circling your opponent, probing his strengths and weaknesses, you are not thinking of his colour or social status."

– Nelson Mandela

Jo'burg

Commenting of his motivation for the work, Cianfanelli contends that: "Boxing is a sport and a physical contest, an ordered and controlled system of combat and contestation. The parameters of boxing consist of rules of engagement for which the ring is the context or the field. The courts are the context of the legal system where prosecution and defense are metered out according to the law."

"Mandela boxing is symbolic of the fight for equality, dignity and human rights, through the vehicle of the South African legal system."

"The sculpture serves as a symbolic reminder of the potential for disparity between Law and Justice and the need for transparency and accountability in the service of the rights of all citizens and residents. Its position in relation to the main entrance of the Magistrate's Court demarcates and signifies the site as one of public engagement."

The sculpture stands at a height of 6 metres, and is translated into sculptural form through the use of painted and perforated plates of mild steel.

约翰内斯堡西区正对着治安法庭，一座新雕塑矗立在那里。该项目由代表约翰内斯堡市的约翰内斯堡发展局发起，并且得到纳尔逊·曼德拉纪念中心（纳尔逊·曼德拉基金会）和贝利非洲历史档案馆的协助。

这座雕塑，名为“拳击练习”，源于一张著名的照片。1957年，在南非联合报大楼的楼顶上，纳尔逊·曼德拉与当时的拳击冠军杰里·乌恩业·莫洛伊（Jerry Uyinja Moloi）练习拳击，摄影师鲍伯·戈萨尼（Bob Gosani）拍摄了这张照片，并刊登在《鼓》杂志上。约翰内斯堡艺术家马克·曹斐内力（Marco Cianfanelli），就按照这张照片制作了这座雕塑。这座雕塑表现的是年轻的曼德拉在为事业打拼。

“‘在拳击比赛中，等级、年龄、肤色以及财富，都无关紧要。’纳尔逊·曼德拉崇敬公平、自由和平等，而这种公平、自由和平等，是来之不易的。”这段话引自摄影师鲍伯·戈萨尼（1934 – 1972年）于1957年出版的《叛国审判：第一回合的结束》一书。

这是一件针对特定场地的雕塑作品。一方面，雕塑所在的场地正对着治安法庭。另一方面，鲍伯·戈萨尼就出生在费尔雷拉斯多普（Ferreirasdorp）费尔雷拉路3号（3 Ferreira Rd），并且一直居住在这一地区。同时，费尔雷拉路3号又正对着治安法庭。曹斐内力采用拳击手的形象，反映公平、平等和客观的原则，而这正是拳击比赛中的规则。用它来隐喻拳击手所面临的现实法律体系，而这正是曼德拉在法律和审判方面所经常采用的。

“我不喜欢拳击比赛中的暴力。但是，在拳击比赛中如何移动身体保护自己、如何使用战略战术进行攻击和后退，以及在比赛中如何运步，我都感到非常好奇。拳击是公平的。一进入赛场，等级、年龄、肤色以及财富，都无关紧要了。当围着对手转圈的时候，在判断对手的优势和弱点时，你根本不考虑他的肤色或者社会地位。”

——纳尔逊·曼德拉

谈到这件作品的创作动机，曹斐内力认为：“拳击是一项运动，是体力的竞争，是有秩序的、可控条件下的搏斗与竞争。拳击的特点就是由一系列的规则组成，而拳击场就是规则的内容或者场地。法庭是法律体系的代表，人们在这里根据法律进行诉讼和辩护。

“曼德拉拳击雕塑，是在南非法律体系这个媒介之下，为平等、尊严和人权而战的象征。

“这座雕塑是一种象征，提醒人们关注法律与公正之间的差别，关注全体公民和居民对权利透明性和责任性的需求。在位置上，与治安法庭出入口密切相联，提醒人们这是一块公共场地。”

雕塑高6米，使用喷漆穿孔低碳钢板，创造出一个人物雕像形象。

"In the ring, rank, age, colour, and wealth are irrelevant." Nelson Mandela

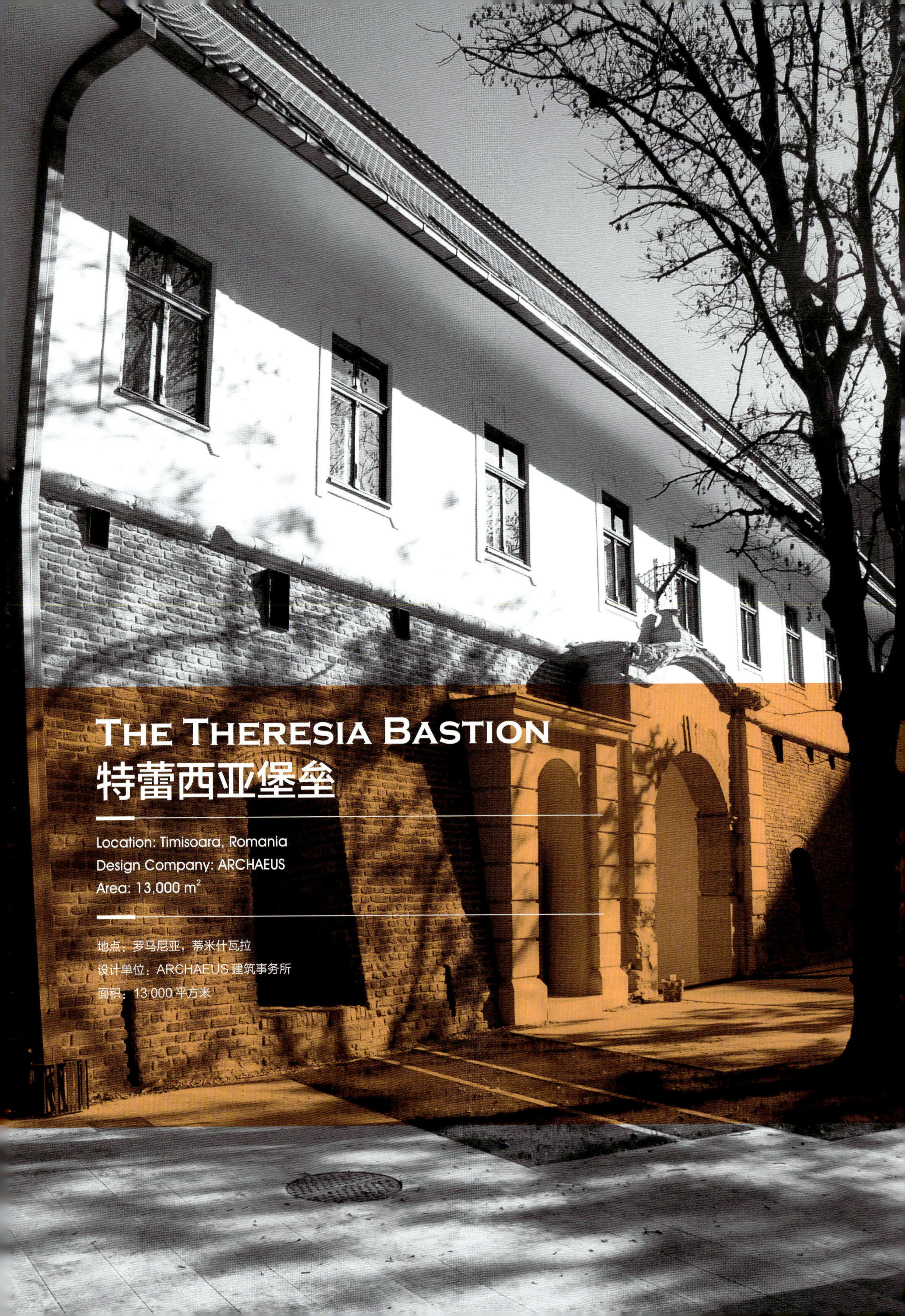

THE THERESIA BASTION
特蕾西亚堡垒

Location: Timisoara, Romania
Design Company: ARCHAEUS
Area: 13,000 m^2

地点：罗马尼亚，蒂米什瓦拉
设计单位：ARCHAEUS 建筑事务所
面积：13 000 平方米

Winning the national contest for the rehabilitation of the Theresia Bastion (the first of the nine Vauban Bastions which formed the defense system of Timisoara), a Class A Monument according to the National List of Monuments in Romania, represented a both difficult and extraordinary proefessional experience.

The concept theme catered on reintegrating and defining a new urban pole by applying creativity on the public space – an area in which too little has been invested in the past twenty years in Romania.

Part of a structure from the 18th century concerning the image or the volume, it profoundly changed in the past years due to the development of the city in the central area, which brought around new functions (bank headquarters, the seat of the Chamber of Architects Timis, the Faculty of Fine Arts and Design, the Medicine Faculty). As such it was a space in greed need to be opened and reinvented for a developing society, which learns to take charge of its urban life.

At first, the project was supposed to tackle only some infrastructure issues, but at a thorough analysis we discovered that the site, found at the edge of the historical core of the city (completly rebuilt after conquest by the Austro-Hungarian Empire in 1716), had a much higher potential. We decided to underline this potential, by using the following main guidelines:

• Implement cultural and socialising functions in a space currently forgotten;

• Define a new urban space by redesigning the Honour Court and connect this space with the existing sqaure framework of city;

• Resemble the image of the monument through a careful restoration process, moreover as the city intents become a candidate for the European Cultural Capital title in 2020.

We paid a great attention to the potential of the indoor spaces or the spaces currently unsed (as such, the

attick became an exhibition space) as well as to defining new contemporary volumes mostly for cultural use. The intervention concept is based on the following priciples:

• eliminate ciment mortars and the concrete poured during the 1970's restoration process, as well as the interventions on the historical surfaces due to the use of such materials;

• insert all the plumbing and electrical installations through the floor or by using metal supports, thus reducing to the mínimum the intervention in the historical core of the building;

• use new, reversible materials, easy to eliminate in the following interventions;

• subtly accentuate the contemporary intervention;

• intervene on the existing materials with care and only after through studies.

We chose materials that age nicely, in an easy contrast with the historical surface – copper-sheets, wooden carpentry with non ferous metallic inserts, plasters and paints based on lime, as well as metal structures easy to elliminate. The floors are installed on sand, using historical technologies. As a support for the whole monuments we used a limestone which hides the spaces in the courtyard, increases the potential through contrast and reinvents of the unused places.

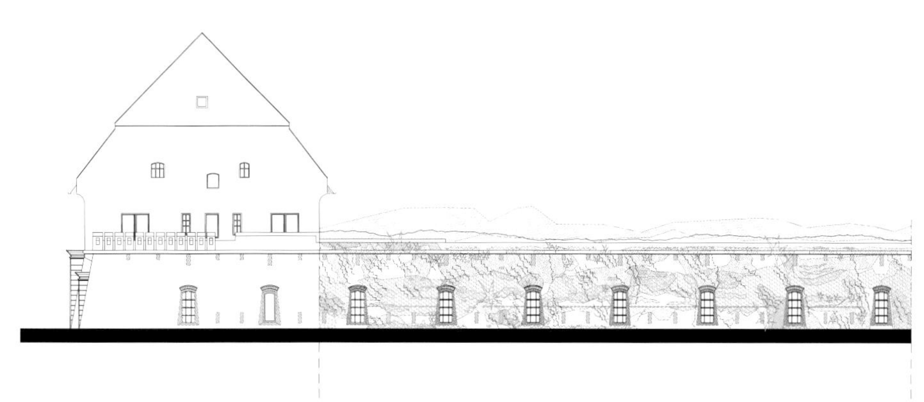

罗马尼亚蒂米什瓦拉(Timisoara)防卫体系，由9个沃邦堡垒组成，特蕾西亚堡垒是其中的第一个。这是特蕾西亚堡垒恢复改造项目全国竞赛获胜方案。面对这种设计难度很高的场地，该项目表现出卓越的专业水平，打造出一流的纪念性遗址，被列入了罗马尼亚国家纪念性遗址名录。

对于这个纪念性项目，其设计理念是把这块公共空间，与邻近的城市结构整合在一起，创造出一块新城区。罗马尼亚在过去20多年来，对这一地区的投资非常少。

过去许多年来，由于城市中心地带的开发建设，于18世纪建起的这座城堡，发生了一些深刻的变化，被赋予了新的功能。在这里，有银行总部、蒂米什建筑师学会大楼，还有艺术设计学院和医学院等。鉴于此，在这一地区需要有更多的开放空间，需要对这个发展中的社区进行重新设计，创造出新的城市生活空间。

起初，在基础设施方面，本想只涉及很少的一部分。但经过全面的分析研究发现，在这座城市历史核心区的边缘地带，蕴藏着巨大的潜力。罗马尼亚于1716年被奥匈帝国征服之后，进行了彻底重建。于是，对于这种潜在的优势，应予以重点考虑，并采用下列指导性措施：

• 将这块目前被忽视的空间，赋予文化和社会功能。

• 对“荣誉场地”进行重新设计，与现有的城市广场框架体系相连接，创造出一块新的城市空间。

• 通过恢复设计，重塑这块纪念性遗址的形象，力图实现这座城市的远大目标：使其成为2020年“欧洲文化首都”的候选城市。

对于内部空间或者目前没有被利用的空间，进行了精心设计和改造。比如，将进攻区改造成了展示空间；新划出了一块空间主要用于文化用途。设计理念主要基于下列原则：

• 对于在20世纪70年代翻修改造所灌注的水泥砂浆和混凝土，以及由于这些材料的使用对历史性表面所构成的创伤，予以处理。

• 管道和电力设施全部安置在地板下面，或者使用金属支撑，把对原有建筑物核心区造成的干扰破坏降低到最小程度。

• 采用新型可循环材料，以便在以后的翻修改造中能够方便地去除。

• 对现在所进行的翻修改造，巧妙地予以突出强化。

• 通过认真细致的研究，对原有材料进行翻修或者更换。

所使用的材料均经过细心挑选，主要有铜板、不带金属插件的木板、以石灰为主要材料的灰泥和漆料，以及容易拆卸的金属构件。地板采用历史性技术，安装在砂层上面。为了对整个纪念性遗址起到支撑作用，采用石灰石对院落空间进行“隐藏”，提高整体对比效果，对未加利用的空间进行了重新创造。

[Des]Dobrar Memorial
折影纪念广场

Location: Curitiba, Brazil
Design Company: Aleph Zero + Juliano Monteiro
Conception: Gustavo Utrabo, Pedro Duschenes, Juliano Monteiro
Team: Ernesto Bueno , Lucas Issey, Hugo Loss, Mathilde Poupart,
Lucille Daunay, Sabine Meister

地点：巴西，库里提巴
设计单位：Aleph Zero + Juliano Monteiro
设计构思：古斯塔沃·乌特拉博，佩德罗·杜舍纳斯，朱利诺·蒙泰罗
设计团队：埃内斯托·布埃诺，卢卡斯·爱赛，雨果·罗斯，玛蒂尔德·普帕尔，
露西尔·多奈，萨比纳·梅斯特

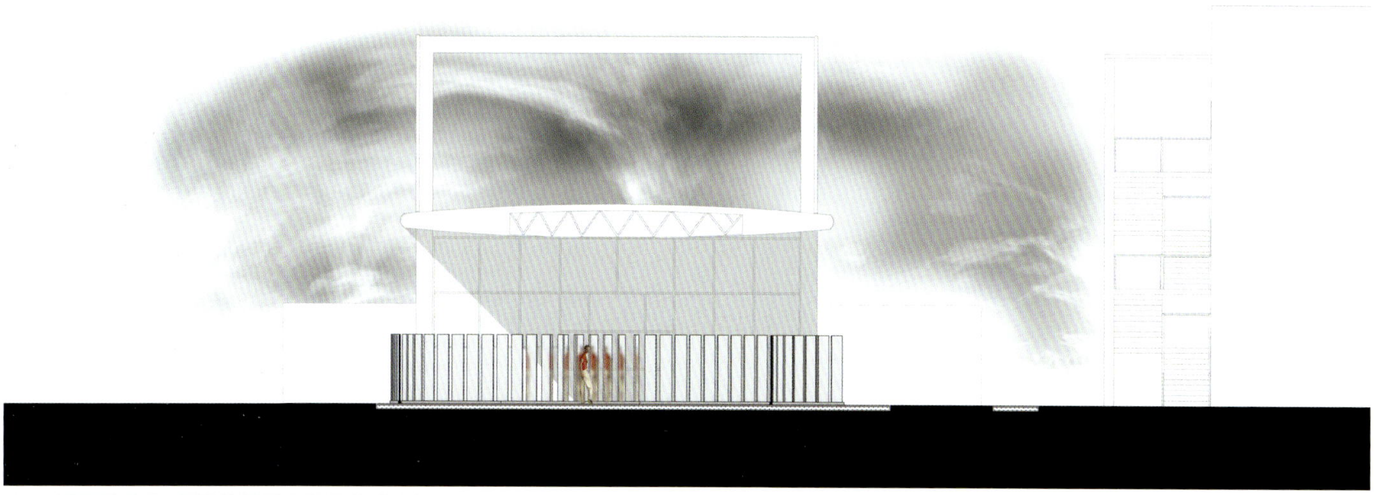

Designed by Aleph Zero + Juliano Monteiro, the [DES]dobrar Memorial is a space composed by reflective elements which is therefore a cloudy limited space: in, out, far and near, front, back, unique, multiple, real reflection. An important element of the project is one that activates and gives meaning to the objects: the user / observer. Unlike a mere passive spectator, is the observer who composes the piece through its position and its motion in space? Such movement is yet "reflected" by objects that "dance" as the passage of passersby and accuses them of being them, too, actors in a multiple reality, dynamic and interconnected.

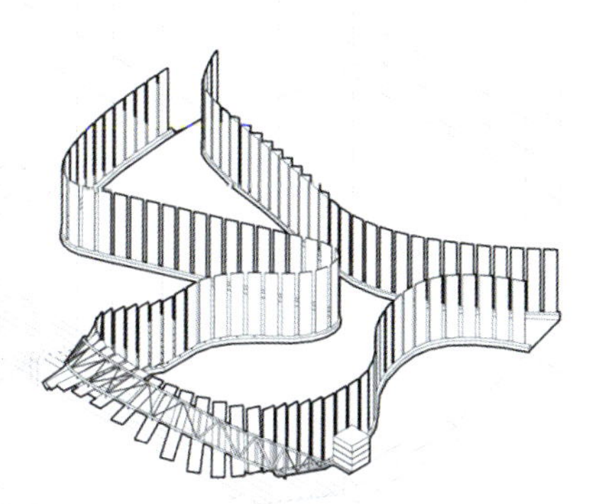

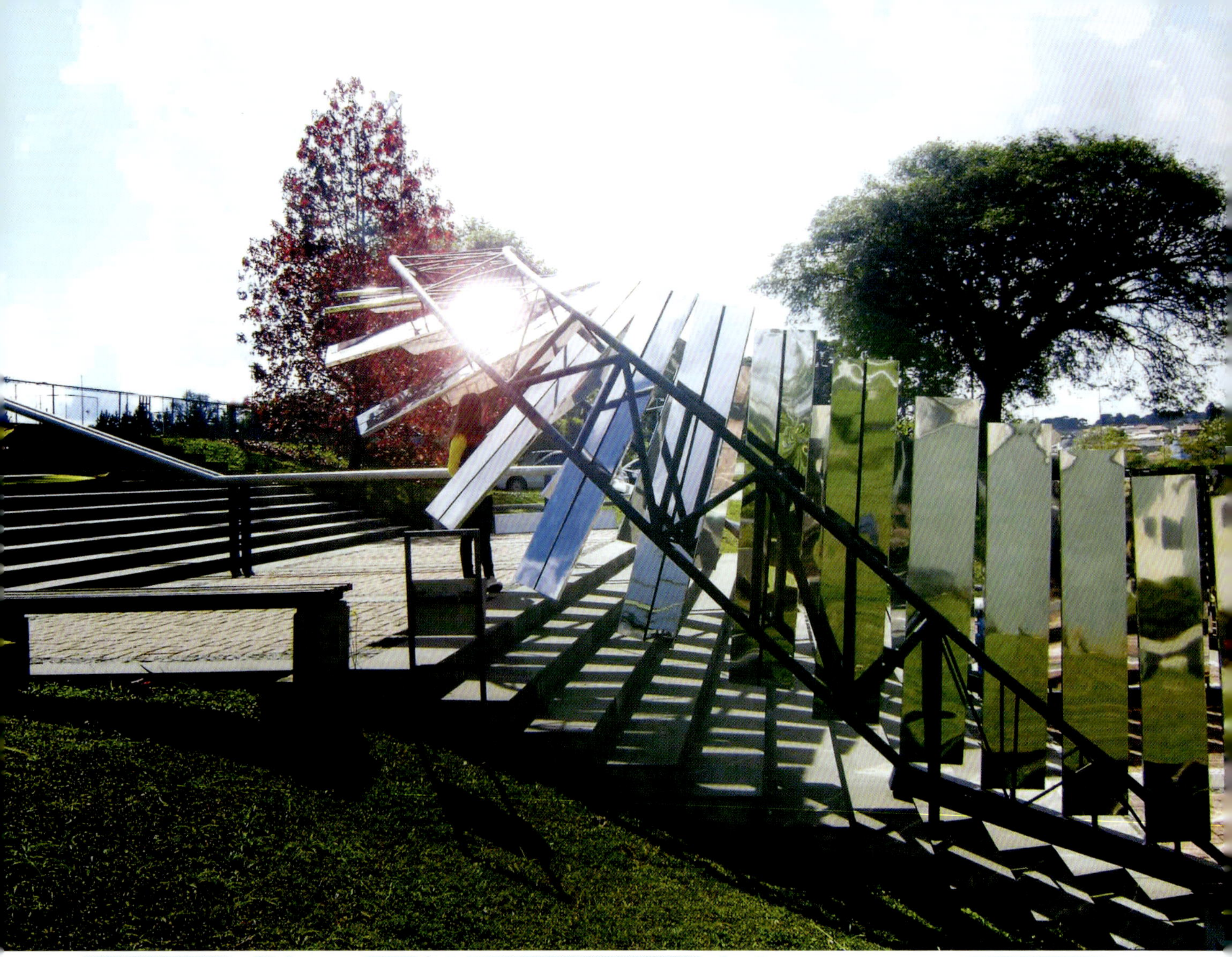

Reflection is a perverted repetition. Twists, inverts and multiplies the surrounding space embarrassing location references. On campus, whose configuration search optimization and readability from the repetition of answers and signs pre-established, rises the possibility of a singular place where this same repetition multiply itself exponentially in a way to materialize itself as object at the same time it influences and is influenced by a specific location.

折影纪念广场由Aleph Zero + Juliano Monteiro设计。其是由反射性要素构成的限定性纪念空间，呈现内、外、远、近、前、后、单层、多层全方位的反射。在这个项目中，一个重要的要素就是吸引使用者／观赏者参与其中，并使其理解这当中所蕴含的意义。与一般的被动观赏不同，在这里，观赏者通过移动和位置变换，成为项目的组成部分。游客的活动为反射性构件所“反射”，在构件上产生跳动，证明它们的存在。作为“演员”的游客，可以以多种方式，动态地与构件产生互动。

反射是一种反向重复。通过对周围空间的扭曲、翻转和重叠，产生一种迷幻的场所感。在广场里，为了使预先设计的重复出现的答案和标志，在形态和可读性上达到最佳状态，通过成倍地重复，使它本身得以实体化，对所在的场地产生影响，同时又受到特定位置的影响，此种设计方法使建设这样一个地方成为可能。

SQUARE DORCHESTER-PLACE DU CANADA
多彻斯特广场－加拿大广场

Location: Montreal (down town), Québec, Canada

Design Company: Claude Cormier + Associés inc.

Area: Square Dorchester 12,000 m^2 and Place du Canada 15,750 m^2

地点：加拿大，魁北克，蒙特利尔中心城区

设计单位：Claude Cormier + Associ é s inc.

面积：多彻斯特广场（12 000 平方米）；加拿大广场（15 750 平方米）

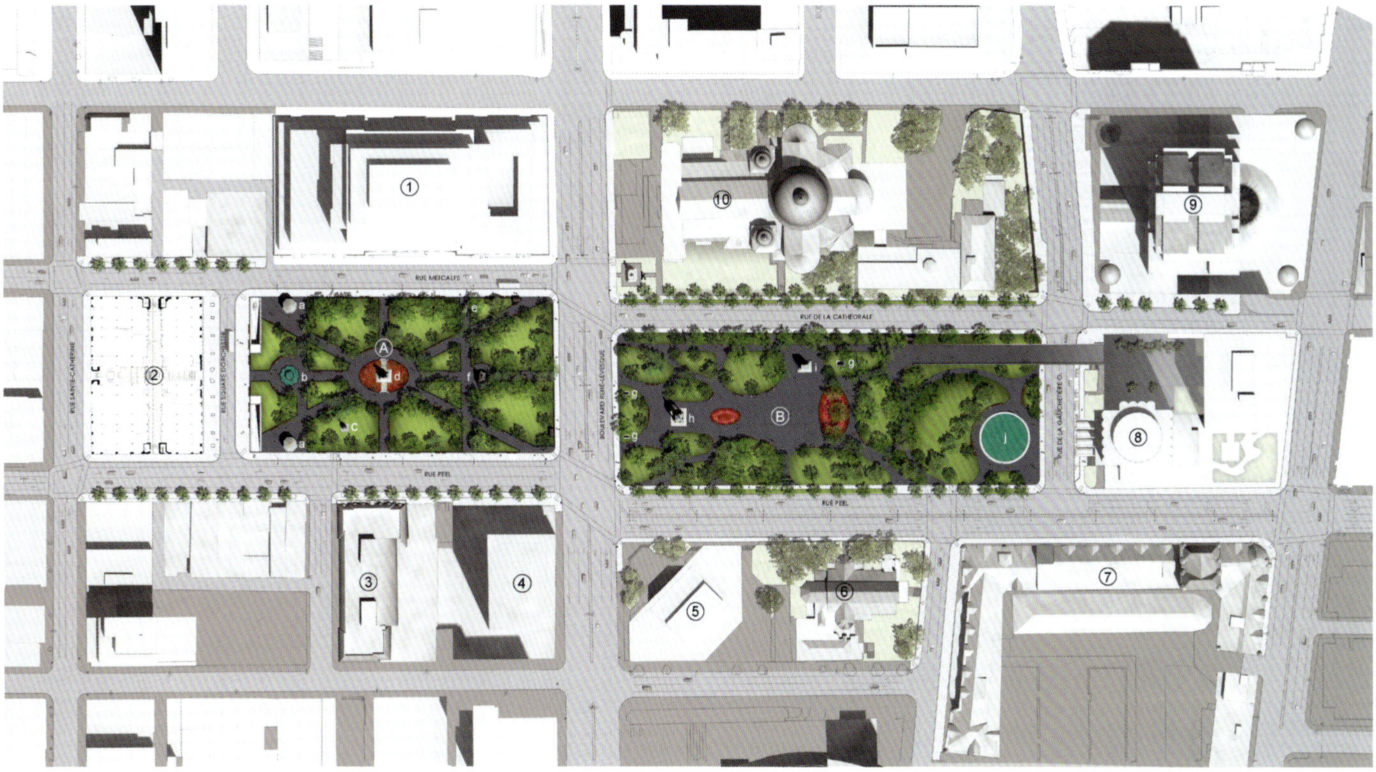

Named to commemorate the Confederation of 1867, Dominion Square has endured as the largest and most renowned garden square in Montreal. The southern and northern portions were respectively renamed Place du Canada in 1966 and Dorchester Square in 1987, with these spaces becoming emblematic of Montreal's Golden Age when the city was Canada's premier metropolis. Flanked by what is still a prestigious area of downtown Montreal, along with an impressive assortment of iconic buildings, Square Dorchester has remained an space for festivities, cultural events, and political meetings. Thousands of graves are preserved below the park as a remnant from its past when it served as the St. Antoine Cemetery. Nine significant monuments were also established over the decades that attest to the archaeological and historical value of the site.

CATHÉDRALE MARIE-REINE-DU-MONDE
LA LAURENTIENNE
B

Despite the important presence that Dominion Square has played throughout Montreal's history, it nonetheless was subjected over time to alterations and urban pressures that ultimately diminished the quality of the park experience. However, it is interesting to note that the park layout and the relationship of the square to the surrounding urban fabric have remained intact, which, along with the regularities of the surrounding streets, have contributed to the preservation of an exceptional ensemble and balance between architecture, street and landscape. The alterations that did occur resulted in a transformation of the square's geometry, a reduction space for public use, and a suppression of important visual links. Poor management of the site environment also degraded the park from its original form and quality. The accumulation of these alterations over the years preceding restoration were manifested in the loss of character throughout the green parterre, an incoherence in the distribution of tree species, pedestrian pathways that deviated from the original circulation, and an absence of urban furniture.

Although distinctively contemporary in its design approach and methodology, the restoration of Dominion Square needed to uphold its original identity and sense of place. A simple and meaningful approach was taken to preserve and enhance the integrity of the site's archeological heritage, sustainability of plant species, as well as spatial qualities and the overall landscape experience. The rejuvenation of the park's comfort and splendour have been achieved by restoring the parterre motif of lawn, reconnecting the site to its context, increasing the surface area of the Square, as well as reconfiguring and highlighting entrances (particularly through the addition of water features). The site's history is referenced through the creation of a subtle ground pattern of crosses inlaid in uneven rows in the pavers that mark the cemetery below.

This project aims to restore the original Victorian public square, enhance links to urban generators of social activity, and remove incompatible uses to this classic oasis of grandeur in one of the city's most venerable districts.

为纪念1867年联邦成立而命名的“自治领广场”是蒙特利尔最大、最著名的花园广场。广场的南部和北部，于1966年和1987年被分别命名为加拿大广场和多彻斯特广场，它们逐渐成为蒙特利尔黄金时代的象征，而蒙特利尔是当时加拿大发展最好的都市。在声名卓著的蒙特利尔中心城区周边，围绕着一些令人难以忘怀的标志性建筑，多彻斯特广场一直是举办重要节日庆典、文化活动和政治集会的场所。过去这里曾是圣安东尼公墓（St. Antoine Cemetery），就在公园的下面还保留着成千上万的墓穴。还有9块重要的纪念碑，数十年来一直见证着这块场地的考古和历史价值。

尽管这个“自治领广场”在蒙特利尔的历史发展过程中具有重要地位，但是，随着时间的推移，作为公园的本质特征最终被逐渐削弱。然而，令人感到有趣的是，公园的布局以及这个广场与周边城市结构之间的关系，基本上没有变化，再加上周边有规则的街道，这两方面在建筑、街道和景观三者整体关系以及相互平衡方面，起到了保护作用。这个广场的确还是发生了一些变化，而这种变化导致了广场几何形体的改变、公共使用空间的减少和重要视觉连接的遮挡。场地环境管理不善，也导致这个公园在形式、质量上的降低。翻新改造之前，常年变化的累积，造成了绿色花坛特征的丧失、不连贯的树种分布、人行道的偏离，以及基础设施的缺乏。

这个广场在设计方法和设计手法上带有明显的现代特征，在进行翻新改造时，原来的特征和场所感需要保留。简单而富有成效的方法就是，对场地的考古遗产、植物种类的可持续性，以及空间质量和整体景观体验，进行整合、保护和加强。草坪和花坛的恢复、与周边场地的重新连接、广场表面面积的增加，以及出入口的重新塑造和强化（特别是增加了水景），使这个广场恢复了活力。地面铺装交叉镶嵌，用不规则的线条，构成精美的图案，标示出下面的墓穴，反映场地的历史渊源。

这个项目旨在这个城市最脆弱的地区之一，恢复维多利亚公共空间的本色，实现与其他社会活动的连接，去掉那些与这个著名的、宏伟的城市绿洲不相匹配的使用形式和有关要素。

The Beacon Of Hope
希望灯塔

Location: Oklahoma City, USA
Design Company: Elliott + Associates Architects
Area: Park 4047 m^2

地点：美国，俄克拉荷马市
设计公司：埃利奥特联合建筑师事务所
面积：公园 4047 平方米

Stiles Park is the oldest park in Oklahoma Territory, first dedicated August 29, 1901. Named after early peacekeeper Captain Daniel Frazier Stiles, the unique park remains a community focal point. Today, Founders Plaza at Stiles Park has new and renewed meaning.

In 1964 Harvey P. Everest, E. K. Gaylord, Dean A. McGee, Don O'Donoghue and Stanton L. Young traveled to Houston to see the Texas Medical Center. Inspired and determined to create a world-class medical center, the Oklahoma Health Center was born. Today stands the physical result of that great vision.

Founders Plaza at Stiles Park sets the stage for its landmark Beacon with five stone rings and five flowering trees, recognizing the five original visionaries. Twenty perimeter trees acknowledge the committee that supported the effort. One large oak tree has proudly survived the ages and stands as a direct connection to the history of this site and our city.

As a reminder of the Plains Indians who lived and hunted in Indian Territory, five native stone rings suggest a campfire, punctuated with benches at the compass points. The sacred colors: red, yellow, black and white, quietly reference the four seasons and the four cardinal directions.

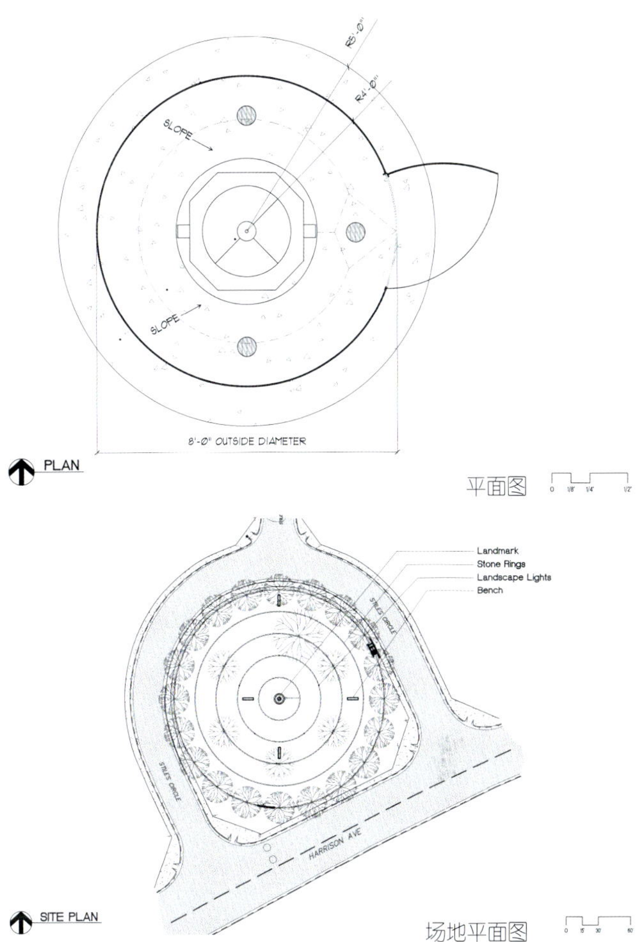

平面图

场地平面图

At the base of the Beacon is Goldflame Spiraea, which in the spring yields a bright yellow color akin to an ancient campfire. From within the circle rises the Beacon's 30-meter vertical shaft, connecting our first 100 years to our next 100 years and beyond.

The inspiration for the Beacon is "transformation," demonstrating that in one simple movement, a circle can become an ellipse. That motion profoundly transforms the circle – just as healing transforms human suffering.

At night, the Beacon's mile-high light shines as a testament to the power of the human spirit in the pursuit of healing and the luminous empowerment of hope.

As we look back and look forward, the Founders Plaza at Stiles Park provides us with a lasting place to hold our hope for humanity.

斯泰尔斯公园，是俄克拉荷马市最古老的公园，始建于1901年8月29日。这个公园，以早期维和负责人丹尼尔・弗雷泽・斯泰尔斯上尉（Captain Daniel Frazier Stiles）的名字命名，新颖独特，一直是社区的活动焦点。今天，斯泰尔斯公园中的方德广场（Founders Plaza），被重新设计，更加焕发了生机。

1964年，哈维P. 埃佛莱斯特（Harvey P. Everest）、E. K. 盖洛德（E. K. Gaylord）、迪恩 A. 麦克吉（Dean A. McGee）、唐・奥多诺休（Don O'Donoghue）和斯坦顿 L. 杨（Stanton L. Young）等人到休斯顿参观得克萨斯医学中心。在这座医学中心的启发下，他们决定建设一所世界一流的医学中心——俄克拉荷马卫生中心诞生了。今天，俄克拉荷马卫生中心仍然是这座城市最重要的景观之一。

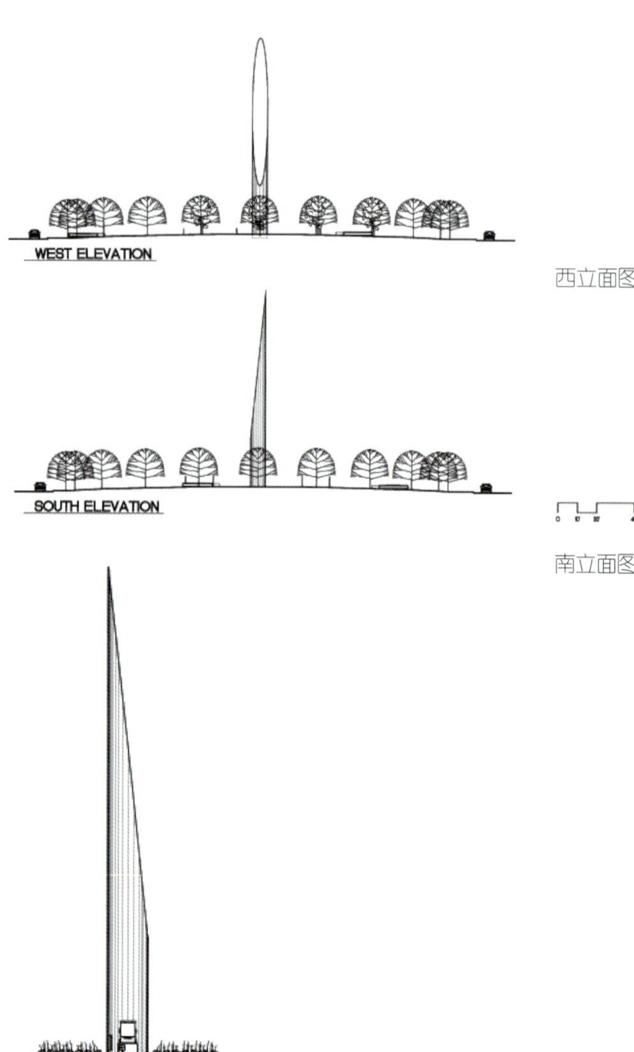

西立面图

南立面图

南向剖面图

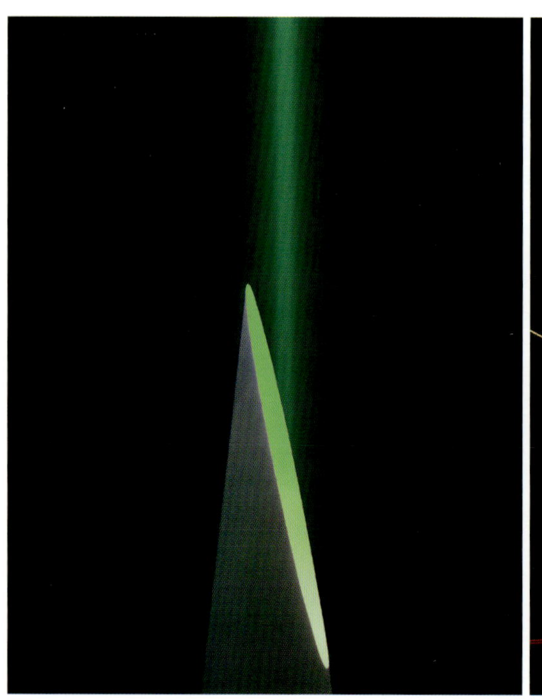

FOUNDERS PLAZA AT STILES PARK
THE BEACON OF HOPE

斯泰尔斯公园里的方德广场，构成地标性灯塔的背景舞台，5道用石块铺砌的圆环，5种开花树木，体现了当初的5种设计构想。周边栽种着20株树木，象征着委员们对这个项目的支持。一株高大的橡树，历经风雨而高傲地矗立在那里，让人们不由地回想起这块场地和这座城市的历史。

采用当地岩石构建出5个圆环，象征着篝火，周边有位置设定精确的坐凳，用以纪念印第安领地平原地区印第安人的生活和狩猎的场景。4种神圣的色彩——红色、黄色、黑色和白色，象征着四季和四个主要方向。

灯塔底部围绕着金焰绣线菊（Goldflame Spiraea，Spiraea × bumatcla cv. Goldflame），春天会呈现出一片鲜艳的黄色，好像古代的篝火火焰。圆环的中央，是30米高的垂直挺立的高塔，把过去的100年、未来的100年，以及更为遥远的年代，连接在一起。

灯塔的设计灵感来自于“变换”，体现出一种简单的运动形式。在这里，一个圆可以转换成一个椭圆，就像是疾病的治疗一样，由患病转化为健康。

夜晚，灯塔上灯光闪耀，象征着人类的精神追求——对健康、幸福的追求和光明未来的渴望。

当我们站在斯泰尔斯公园方德广场上，回顾过去展望未来，我们的希望在此萌发。

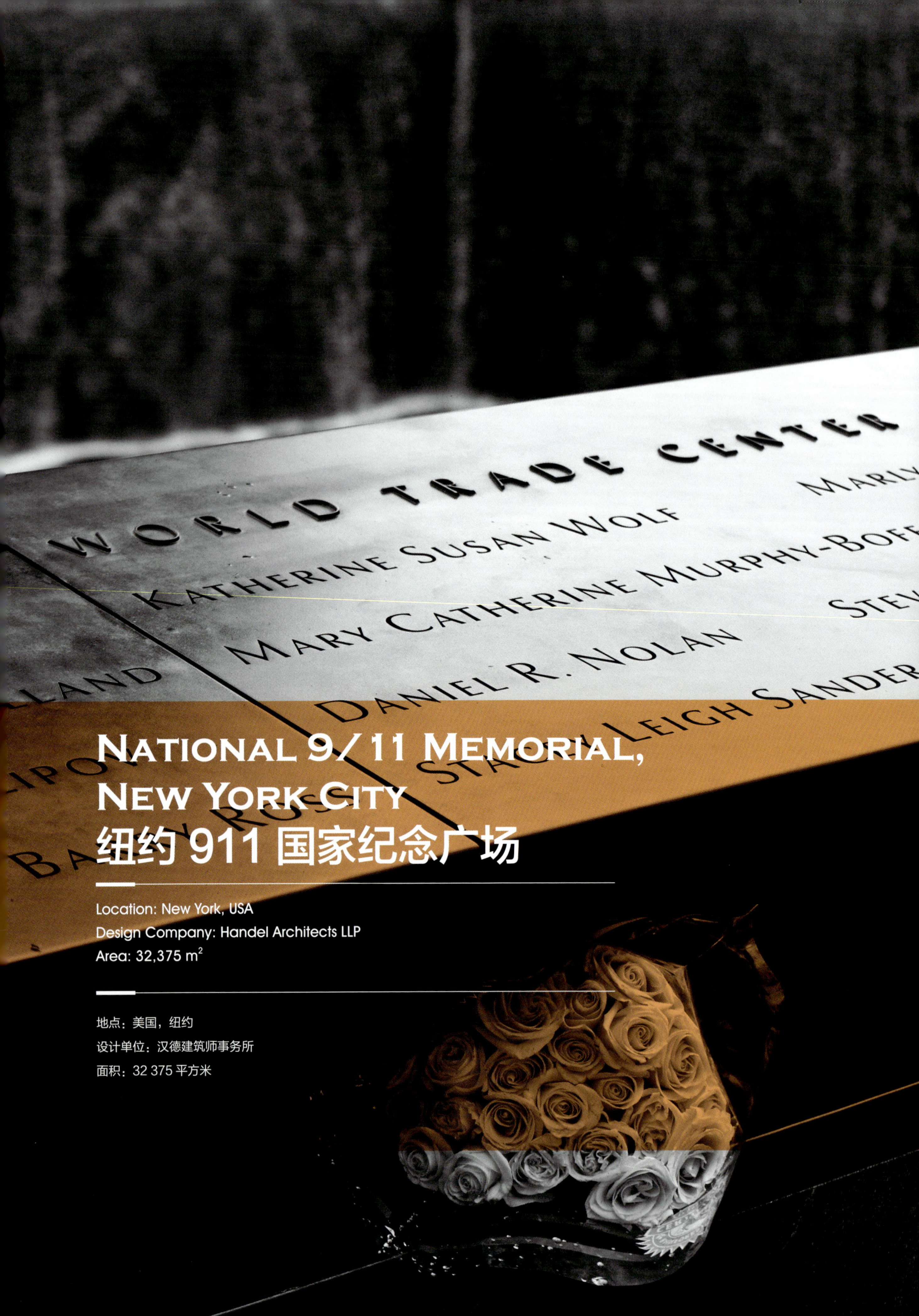

NATIONAL 9/11 MEMORIAL, NEW YORK CITY
纽约 911 国家纪念广场

Location: New York, USA
Design Company: Handel Architects LLP
Area: 32,375 m^2

地点：美国，纽约
设计单位：汉德建筑师事务所
面积：32 375 平方米

Project Statement

The Memorial commemorates the victims of the attacks of September 11, 2001, at the World Trade Center, Shanksville, Pennsylvania, the Pentagon, and the World Trade Center attack of February 26, 1993. Two fountain-lined voids, on the locations of the destroyed twin towers, and a surrounding forest of oak trees form the core of the rebuilt World Trade Center in New York City and provide a place for contemplation and remembrance within this revitalized urban center.

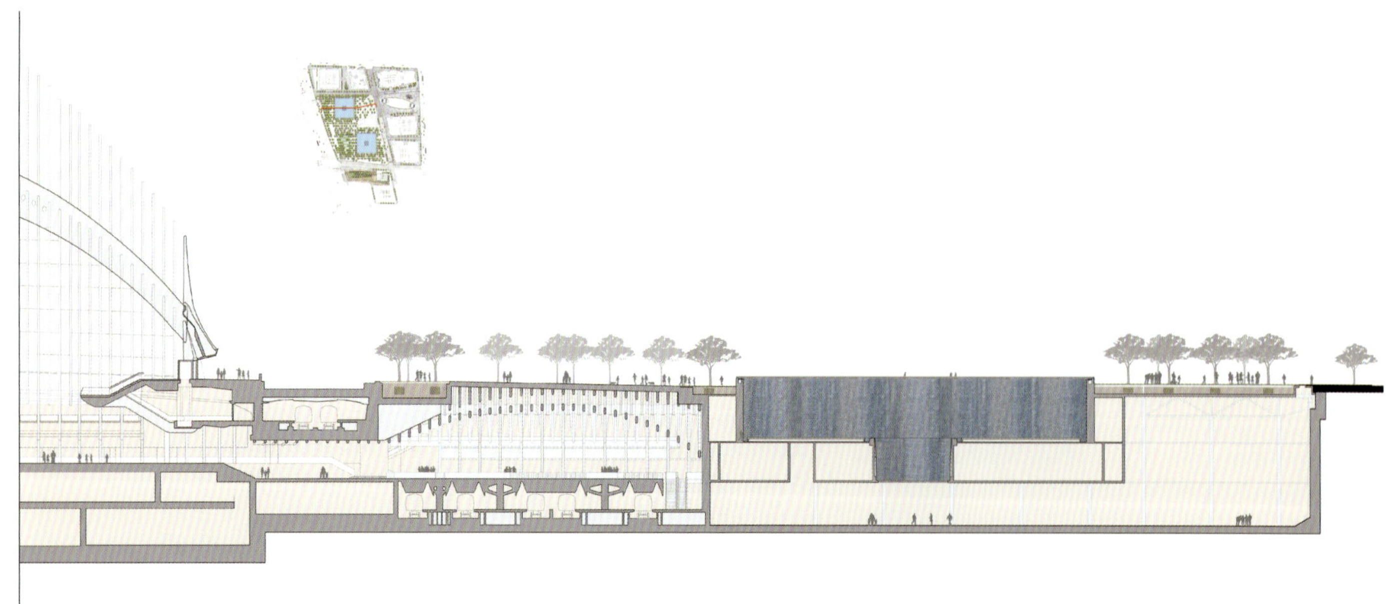

Main Design Contents

Located in Lower Manhattan, this 32,375 m^2 site resides in one of the most densely populated urban neighborhoods and business centers in the world. On many levels, the project was intensely complex, with multiple constituents influencing the design from local and state politicians, family members of the victims, a multi-headed client framework, outside design critics, and the general public. Perhaps no other project in our generation has played out under such scrutiny or with such stratospheric expectations.

Despite its apparent simplicity, the Memorial is a massive green roof – a fully constructed ecology – that operates on top of multiple structures including the PATH station and tracks, the Memorial Museum, a central chiller plant, parking, and additional infrastructure. For more than 7 years, the landscape architect coordinated with these multiple agencies and stakeholders and navigated the design through the challenging process to establish a consistent visitor experience that extends over multiple structures and through several jurisdictions.

Design Features

The design features two gigantic voids, centered on the locations of the destroyed twin towers. The scale of the voids recalls the terrible losses of September 11, 2001, and names displayed at the perimeter of both voids commemorate the victims of both the 1993 and 2001 attacks. The plaza surrounding the voids is designed to accomplish four main objectives:

- First, to deepen and enlarge the visitor's perception of the level plane into which the voids are cut;
- Second, to participate in the procession, both physical and spiritual, that is essential to the visitor's experience of the memorial;
- Third, to separate the reverential mood of the Memorial from the busy life of the surrounding city streets;
- Fourth, to provide a quiet, beautiful, and human-scaled public open space for Lower Manhattan.

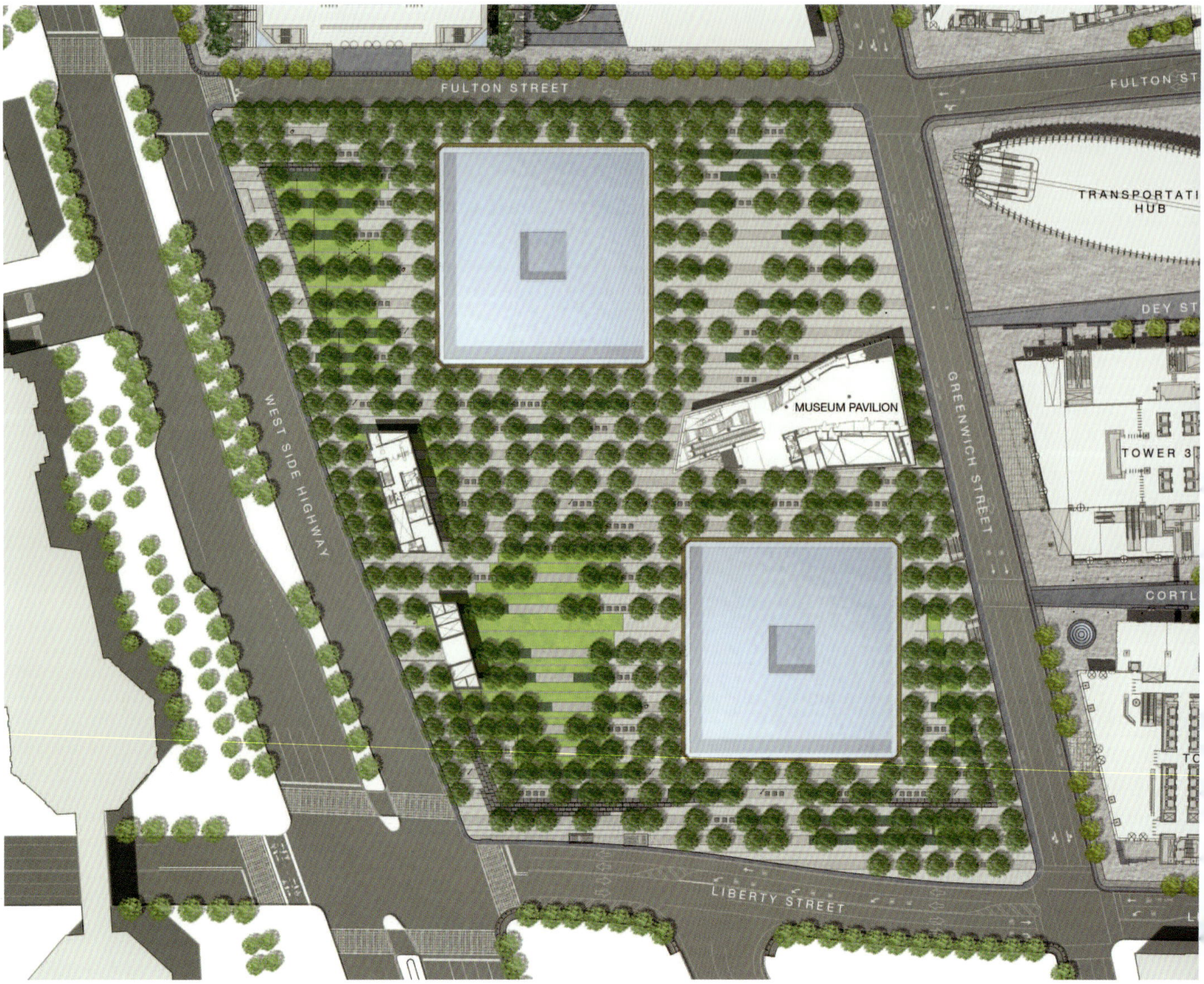

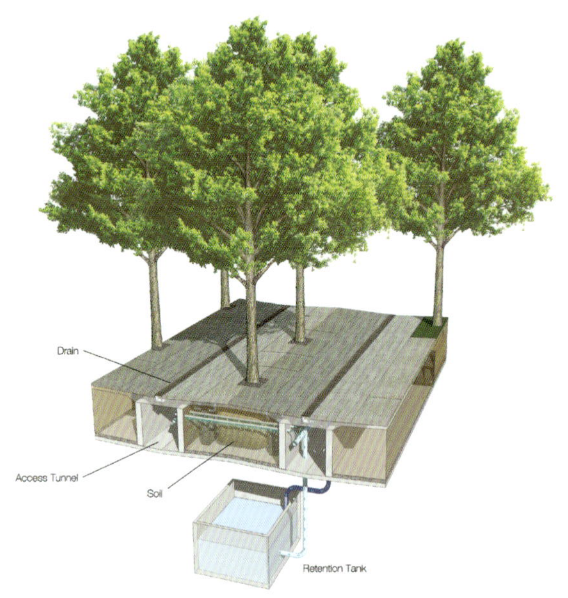

PA-512-15 The memorial is a massive green roof, a fully constructed ecology, that captures and re-uses storm water to support plant-life

The broad scope of the trauma of 9/11 requires that the Memorial use a symbolic language understood by a diverse audience; this language is an integral part of "Reflecting Absence". Visitors will leave the everyday life of the city and enter into a sacred zone defined by a dense forest of 416 oak trees. Above, the high canopy of leaves provides welcome shade in the heat of the summer and seasonal color in the fall. In the winter the sun will cast shadows through a light tracery of bare branches, and in spring, the trees will express the renewal of nature. Using a language similar to Michael Heizer's North, East, South, West, the voids render absence visible. In this way, the overwhelming losses of September 11th are given permanent presence. The 4047 m^2 voids of the fountains, cut 9 m into the site, are lined with waterfalls. Using full-scale mock-ups to study the performance of the water, the design team developed a tapered, rounded weir that is both water-and-energy efficient as well as highly visible and beautiful. With the addition of lighting, the waterfalls are also visible at night.

Within the protected space of the forest, visitors will arrive at the two great voids with their thundering waterfalls. After viewing the victims' names on the bronze parapets of the voids, visitors will move back to the city through the trees and take comfort from the soothing, life-affirming forest. Through the trunks of the trees the flat plane of the park is visible in its entirety. The density of the trunks extends the apparent depth and size of the plane and at the same time softens the view of the buildings beyond. The horizontal surfaces of the plaza – stone, ground-cover, lawn, and steel grating – are patterned to assert and reinforce the flatness of the constructed plane.

The Memorial grove will resemble a "natural" forest of over 400 swamp oaks, until visitors discover that the trees align to form arching corridors in one orientation. The form recalls the arches that World Trade Center architect Minoru Yamasaki placed at the bottom of the original towers. In this way, the grove expresses the shared patterns of nature and humanity. A grassy clearing within the grove is a quiet space away from the bustle of the plaza. Designed to accommodate ceremonies – specifically, the reading of victims' names annually on September 11th – the space also provides soft green park space on typical days. Within the Memorial grove, the varying distances between trees, the placement of benches, and the rhythm of ground-cover beds will create spaces with distinct scale, character, and qualities of light.

The plaza is built of relatively few elements and materials. A single pole, for instance, incorporates lighting and security. One type of granite is used for cobblestones, pavers, and benches. Planted ground coverings are limited to evergreen English ivies and turf grass. A single tree species is repeated throughout the Memorial grove. The limited palette is critical to the notable quietness of the plaza. The landscape architect conducted wide searches and brought great care to the selection of each material.

Environmental Sustainability and Design Value

Throughout the design and construction process, sustainability of the plaza was considered in terms of both material endurance and landscape performance. The plaza surface-and-drainage infrastructure is designed to function as a large self-sustaining cistern. Water from rainfall and snow melt is channeled into large holding tanks and re-used to support the Memorial forest via a specialized drip-and-spray

gation system. The Memorial grove is a dense planting of es – a forest at the heart of the redeveloped World Trade nter. As they grow the trees will provide shaded space to rease comfort for visitors and reduce heat absorption on plaza. The transpiration of the many leaves will cool the air oughout the district. The plaza is designed with a network naintenance tunnels that provide access to site systems – gation, electrical, and drainage. These tunnels will extend life of the plaza by allowing maintenance crews to access, test, adjust, and repair systems with ease. Substantial soil volumes, adequately irrigated, aerated, and drained, are the most critical element in the long-term success of the Memorial grove. An enormous volume of soil – 40,000 tons in total – lies buried beneath the plaza to ensure that the oaks will grow and thrive to maturity. The stone paving is set in place using sand instead of a rigid mortar. When repairs are required, the stone can be removed undamaged and re-set in sand again. There will be no need for quarrying additional stone in the future.

项目陈述

该纪念广场，是为了纪念那些在攻击中受害的遇难者，包括在2001年9月11日宾夕法尼亚尚克斯维尔世贸中心和五角大楼遭受攻击中遇难的人们，以及1993年2月26日世贸中心攻击中受害的人们。在双子塔原址上，两座喷泉构成两处太虚空间，周围有橡树林环绕，两者共同组成纽约世贸中心重建核心地带。在这个重新构建的城市中心地带，该广场成为人们静默哀思和追悼的场所。

主要设计内容

这个纪念广场，面积为32 375平方米，位于下曼哈顿区——世界上人口最稠密的城市邻里社区和商业中心。这个项目具有高度综合性，受到各方面因素的影响，包括来自地方和国家层面的政治影响、受害者家庭成员的影响，以及多头客户、外部评论和公众的影响。或许，在我们这个时代，没有哪个项目像这个项目一样，受到这么多人共同的关注和期待，需要如此谨慎地来完成。

这个纪念广场看起来很简单，就像是一个巨大的绿色屋顶，是完全按照生态学要求而建造的绿色结构。在它的下面包括多种建筑和结构，比如帕斯车站和轨道、纪念博物馆、中央制冷工厂、停车场以及其他附属设施等。在7年多的时间内，景观设计师们与多种机构和利害关系人密切合作，在多层次的建筑结构和多种评价标准基础之上，不断调整设计，试图创造出连续一致的景观效果。

设计特色

两个巨大的太虚空间，位于双子塔原址中心。这种太虚空间，让人们回想起2001年9月11日，恐怖袭击所造成的巨大损失。1993年和2001年两次袭击中遇难的人们的姓名被刻在太虚空间的边缘部位。围绕太虚空间的广场，在设计上要达到以下四个主要目标：

首先，加深和扩大因太虚空间切割所带来的水平视觉感受。

第二，让来访者全身心地加入纪念行列之中，而这一点对游客的纪念感受至关重要。

第三，把纪念活动中所具有的那种崇高情感，与周边街道上繁忙的生活隔离开来。

第四，为下曼哈顿地区创造一个安静的、景色宜人的、人性化的公共开放空间。

911事件所带来的痛苦是多方面的。这就要求这个纪念广场需要使用象征性的语言，而这种语言能够为不同的来访者所理解，构成“缺之思”的重要组成部分。来访者远离日常生活的喧嚣，进入一片神圣的地带，这片地带由416株橡树所组成的茂密的森林所界定。在炎热的夏季，高大的树冠可用来遮阴，欢迎游客的到来。秋季，则带来色彩的季节性变化。冬季，阳光透过裸露的枝条，在地面上形成斑驳的阴影。春季，树木发芽，昭示着大自然的复苏。采用与迈克尔 · 海泽（Michael Heizer）的东、南、西、北相类似的语言，太虚空间使缺失的东西变得可见。借助于这种方法，911所带来的巨

大损失永久地呈现出来。面积4047平方米的喷泉所构成的太虚空间，入地9米，边缘设置了瀑布。设计团队对水的表现性能进行了全尺寸模型研究，创造出一种尖削圆形的堤坝，这种堤坝对于水的表现和能量运用更为有效，而且极其醒目美观。再加上灯光的照射，即使在夜晚，瀑布也分外夺目。

穿过具有保护作用的森林，两处巨大的太虚空间映入游客眼帘，瀑布倾泻而下，发出雷鸣般的声音。看过青铜矮墙上遇难者的姓名后，再返回喧闹的城市路途之中，这片森林让游客获得一种抚慰，体会到生活的美好。透过挺立的树干，平坦宽广的公园尽收眼底。密集的树干使视野面积扩大，同时，又能够减少周边建筑的突兀感。在横向平面上，广场的各种构成要素，包括岩石、地面铺装、草坪和钢制隔栅，在造型布局上对这种结构性平面进一步起到维护和强化作用。

这片纪念林，类似于一片“天然森林”，由400多株二色栎组成，形成一条拱形廊道。这使人联想起建筑设计师山崎实（Minoru Yamasaki）在世贸中心底部所设计的拱形结构。通过这种形式，这片小树林规划出人类与自然的共同格局。树林中干净、整洁的草坪，打造出一块安静、舒适的空间，远离广场的喧闹。为了能够举办一些典礼活动，特别是在每年9月11日那一天，游客前来悼念遇难者，特别设计创造了一些临时绿色公园空间。树林内，树木之间距离的不同、坐凳的安放位置以及地面铺装韵律的变化，创造出尺度不同、特色鲜明、光照良好的各种不同的空间。

从整体上来说，这个广场所用的要素和材料相对较少。比如，一根立杆，既用于照明，又起到安全防护作用。一种类型的花岗岩，既用作鹅卵石、地面铺装材料，又用于制作坐凳。地被植物

仅限于英国常春藤和草坪草。简单的要素组合使广场散发出安静与平和之气息。对于每一种材料的选择，设计师都进行了深入的研究，经过了精心的挑选。

环境可持续性及其设计价值

可持续性问题贯串于整个设计施工之中。主要涉及两个方面，一是材料的耐久性，二是景观表现。采用地表排水系统，其功能类似于一个能够自我维持的大型蓄水池。雨水和冰雪融化之后的水分，排入大型蓄水池中，通过滴灌喷雾系统对这些水分进行重新利用，浇灌这片纪念性小树林。树林的密度很高，要知道，这是在重新开发建设的世贸中心的心脏地带。随着树木的生长，遮阴面积不断扩大，增强了游客的舒适感，降低了广场的吸热效应。树木之间形成的通道，使广场的空间得以延伸，养护管理人员可以很容易地在里面穿梭，开展各种测试，进行调整和养护。大量的土壤，经过适当的灌溉、通气和排水处理，保证了这片纪念林能够长期健康地生长。土方总量达到40,000吨，填埋于广场之下，足以保证这些栎树能够从幼树一直长成成年大树。地面铺装石块采用砂土固定，而不是采用坚硬的砂浆。需要维护时，可以把石板移开，然后再重新放回，而不会造成任何损伤。将来也不需要再增加石材。

ATATÜRK MEMORIAL
阿塔图克纪念碑

Location: Welington, New Zealand
Architect: Ian Bowman

地点：新西兰，惠灵顿
建筑师：伊安·鲍曼

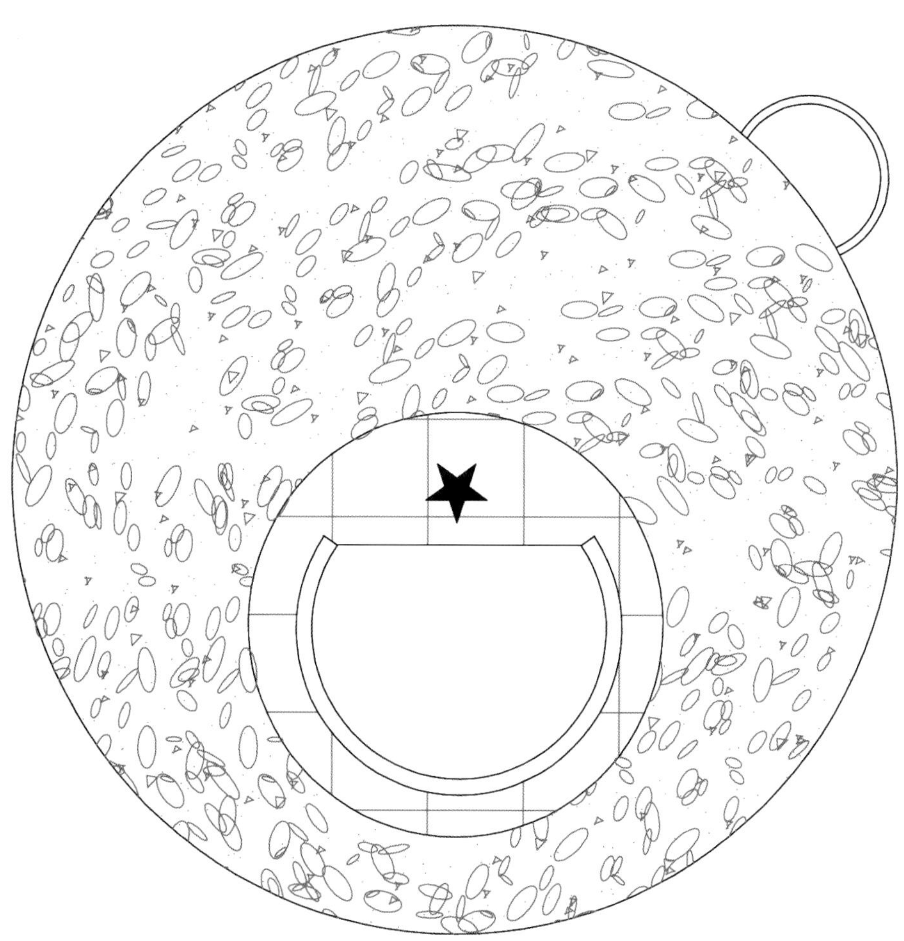

The Atatürk Memorial is situated on a ridge above Tarakena Bay, Wellington. The Memorial looks out over Cook Strait and the site was chosen for its remarkable likeness to the landscape of the Gallipoli Peninsula. The Memorial is accessible at all times with a short walk to the Memorial from the carpark.

The Memorial is an outcome of an agreement between the Turkish, Australian and New Zealand governments. In 1984, Australia asked Turkey if the cove on the Gallipoli Peninsula could be renamed Anzac Cove in memory of the Australian and New Zealand troops who died there in 1915 during the Gallipoli Campaign of World War One. The Turkish Government agreed to change the cove's name from Ari Burnu and also built a large monument to all those who died in the campaign. In return, the Australian and New Zealand governments agreed to build monuments in Canberra and Wellington to Mustafa Kemal Atatürk, who served as a divisional commander at Gallipoli and went on to become the first president of modern Turkey.

The Memorial was designed by Ian Bowman and was unveiled on Anzac Day 1990 by the Turkish Minister of Agriculture. The Memorial comprises a marble crescent, a bust of Atatürk, inscriptions and soil from Anzac Cove. In 1999, a paved forecourt and path, also designed by Bowman, and gravel car parking areas were added with funding from the Turkish Government.

The inscription on the Memorial was written by Atatürk in 1934, and is read every year by the Turkish Ambassador on Anzac Day at the National War Memorial, Wellington.

The Memorial is maintained by the Ministry while the Kemal Atatürk Reserve (where the Memorial is situated) and the surrounding Rangitatau Reserve are maintained by the Wellington City Council.

阿塔图克纪念碑（The Atatürk Memorial）位于惠灵顿塔拉凯纳海湾（Tarakena Bay）的一座山脊上。纪念碑俯瞰着库克海湾（Cook Strait），场地景观与加利波利半岛（the Gallipoli Peninsula）极为相似。此地一年四季都可供游客游览，从停车场步行一小段距离即可抵达。

土耳其、澳大利亚和新西兰三国政府，经过协商之后建起了这座纪念碑。1984年，澳大利亚政府向土耳其政府发出问询，是否可以把加利波利半岛海湾重新命名为澳新军团海湾（Anzac Cove），以便纪念在第一次世界大战加利波利战役中阵亡了的澳大利亚和新西兰士兵。土耳其政府同意把这个海湾的名称由阿里·伯努公墓（Ari Burnu）改为澳新军团海湾。另外，又建造了一座大型纪念碑，用以纪念在那次战役中牺牲的所有军人。与此同时，澳大利亚政府和新西兰政府同意分别在堪培拉和惠灵顿建造一座纪念碑，用于纪念穆斯塔法·凯末尔·阿塔图克（Mustafa Kemal Atatürk）将军。当时他是前线总指挥，后来成为现代土耳其的第一任总统。

纪念碑由伊安·鲍曼（Ian Bowman）设计，于1990年澳新军团纪念日（Anzac Day），由土耳其农业部举行揭幕仪式。纪念碑包括一个大理石拱门、一座阿塔图克半身雕像，以及来自澳新军团海湾的铭文和土壤。1999年，在土耳其政府的资助下，伊安·鲍曼又设计铺装了前院和道路，以及砾石铺筑的停车场。

纪念碑铭文由阿塔图克于1934年撰写，在惠灵顿每年的澳新军团纪念日这一天，都要在国家战争纪念馆由土耳其大使进行宣读。

Bavarian National Museum – Entry Square and Courtyards

巴伐利亚国立博物馆——入口广场和庭院

Location: Munich, Germany

Design Company: Rainer Schmidt Landscape Architects

地点：德国，慕尼黑

设计单位：莱纳·施密特景观设计公司

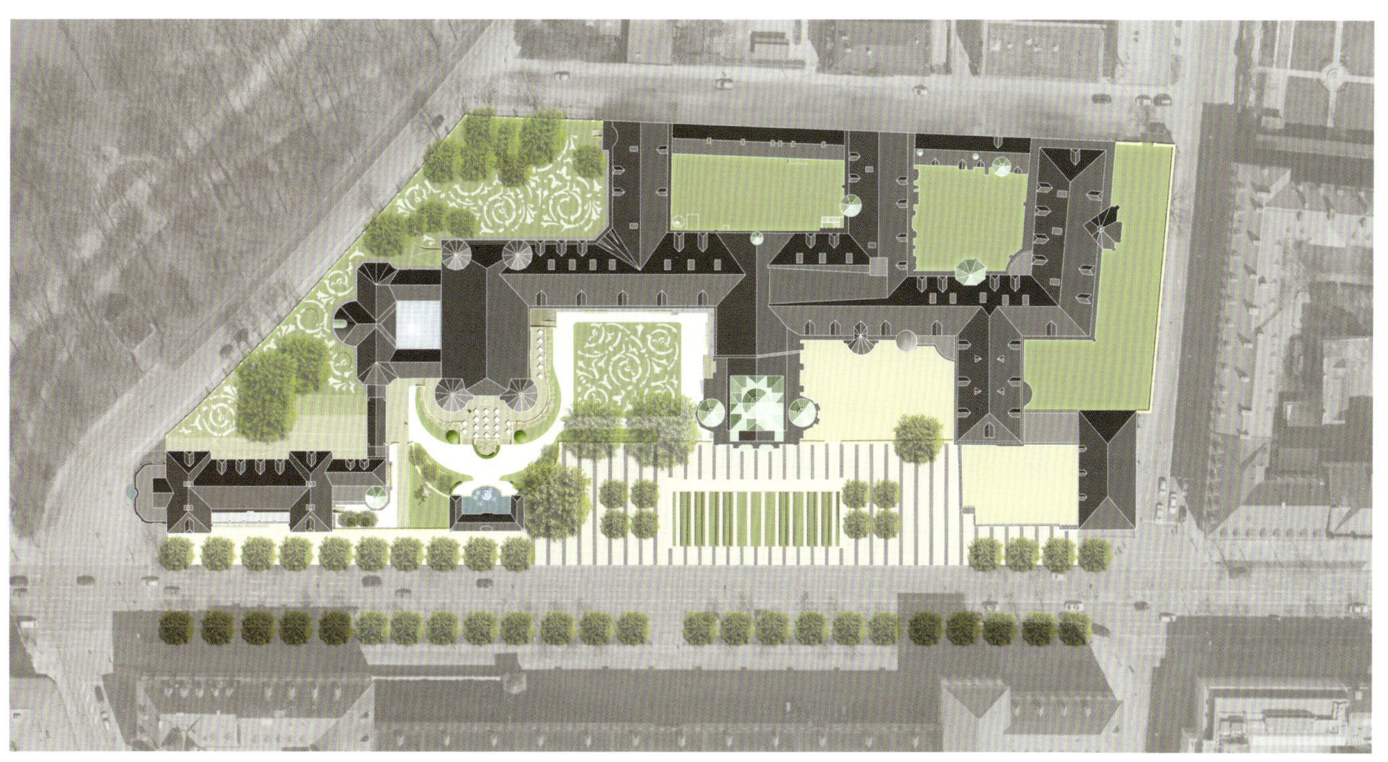

When its predecessor building ran short of space for its comprehensive collection, the new Bavarian National Museum, planned by the Munich architect Gabriel von Seidl, was opened in 1900 in fledgling Prinzregentenstrasse. A hundred years on, a new interpretation of the ensemble with its various publicly representative and semi-public enclosed exterior spaces followed suit to mark the centenary of the building's inauguration. The purpose of the comprehensive redevelopment of the Bavarian National Museum's landscaping was to reconvert a car park into a representative courtyard, in order to spotlight the museum's significance for culture, cultural history, and urban design.

Directly commissioned by the Friends of the Bavarian National Museum, Rainer Schmidt Landscape Architects started planning and executing the redevelopment of the main building's forecourt and inner courtyards in 2005. Fathoming the meanings of "representation" was the inspirational source for the design. There are numerous conceptual references to this topic. The range of stylistic elements incorporated in the building's "scenic" architecture alludes to the Gothic, Renaissance, Baroque, and Rococo periods as well as to Classicism and Art Nouveau. The façade, for instance, reflects the interior décor, which in pre-war times was always in line with the exhibits' respective stylistic periods.

This diversity is set off by the exterior landscaping's classical, yet modern and restrained character, stepping up the structure's appeal. Borrowing from Baroque concepts, inclined planes are implemented to change the spatial perception.

Entry Square Concept

Before Prinzregentenstrasse was narrowed towards the Isar River, the courtyard was set back – a historically significant constellation in front of the main entrance which was the basis for the redevelopment. This legacy of the first site was taken up for the fresh interpretation of the entry square and the interior courtyards under new aspects of design. After the road alignment had been straightened, the post-war functions of Prinzregentenstrasse as an inner-city artery for free-flowing traffic remained intact and were taken into account in the new design.

The square becomes a novel forum that serves both as an entrance and as a place to meet and stay. The plan is inspired by the original square's sunken garden design. A parterre sloping towards the building is the square's heart and creates with its symmetry a representative entrance situation. The space is given visual depth by the longitudinal stripes in the pavement and by the clipped, wedge-shaped boxwood hedges, which slope towards the building. The sunken parterre forms a carpet in front of the building. Low steps transition between the parterre and museum, simultaneously acting as a solid platform for the picturesque building.

150 JAHRE

White stripes of quartzite cobbles offer a contrast to the green shades of the boxwood hedges and to the grass stripes bordered by stainless steel edgings. The plane's slight but clearly perceptible slope towards the entrance stairs strengthens the spatial impression, visually magnifying the plane itself. As a visual guide, it draws attention to the steps that ascend to the main entrance. At night the square is illuminated by light installations – a dramatic effect underpinning the museum's significance for the cityscape. As a result of the layout, the public spaces have thus been ridded of the dominant stationary traffic in front of the main entrance; the gates leading to the inner courtyards on the flanks now have new and coherent accesses; and, like graceful open-air columns, magnolia trees on both sides of the lowered planes now form a symmetrical frame for the entrance portal.

Inner Courtyards Concept

The inner courts and rear areas were restored in line with heritage-listed building regulations. The reinterpretation of the open spaces followed the historic design. The new layout of the inner courts is strikingly sober and unobtrusive, and combines perfectly with the ornamental floor details of the main building's inner court. The aim is to carry the atmosphere of the museum's outdoor spaces indoors. Conceived as stand-alone components, the courtyards form a cohesive whole in terms of vegetation and materials used. The key to this concept was to respect the history of the place, to avoid imitating past uses and designs, all the while enriching and invigorating the exterior spaces with fresh elements of landscape architecture.

Certain sections of the museum building will be reserved for catering services in the future. This resulted in special requirements for the use of the inner courts, which were taken into consideration in their layout and design.

Access from Prinzregentenstraße

East of the Bollert collection, a gate provides access to the main entrance of the restaurant. Having gone through the gate in the wall along Prinzregentenstraße, the visitor cuts across a small garden courtyard. The same cream-coloured granite pavers are used for the path as those in the forecourt. A lawn borders the path to the east, a self-binding gravel surface with a coat of white chippings to the west.

Restaurant Terrace

The historic terrace was partly destroyed in the Second World War and underwent a makeshift renovation. It has now been rebuilt to match the historic original and serve as a restaurant terrace. The pedestal in its centre, which once carried a sculpture, has been removed to create a clear open space. Historic rose varieties have been planted along the wall, while the existing Taxus topiary on the lawn has also been retained. The low boxwood hedge, which was once planted between the main stairs to the terrace, has been restored. For the terrace pavement and the wall and stair claddings, the same granite is used as that for the paths and on the forecourt.

Inner Courtyards of the Main Building

Following the style of the former sunken parterre in front of the building and Seidl's original plans, large stone slabs have been inlaid in the inner court lawn, re-interpreting the building's scrolled gables with stylised floral patterns. The richness of the façade is thus mirrored in the ground plane and made visible to beholders looking down from the building's windows.

The courtyard's paths are paved with a self-binding gravel surface and coated with white chippings. Two tall linden trees were retained, as well as three boxwood trees, which are augmented by another three trees in line with the historic plans.

随着收藏范围的扩大，巴伐利亚国立博物馆原来的空间已经不够用了，于是，又建立了一个新馆。新馆位于刚刚修建的普林茨里根大街，1900年正式对外开放，由慕尼黑建筑设计师加布里尔·冯·赛德尔（Gabriel von Seidl）设计。100年后的今天，也就是在这座建筑落成100周年庆典之际，需要对它进行全新的翻修改造，包括各种典型的公共空间和外部围封的半公共空间的改造。对巴伐利亚国立博物馆景观综合性的翻新改造，主要是把小汽车停车场改造成一处典型的院落，突出体现这座博物馆在文化、历史和城市设计方面的重要作用。

2005年，受“巴伐利亚国立博物馆之友”（ The Friends of the Bavarian National Museum）俱乐部委托，莱纳·施密特景观设计公司(Rainer Schmidt Landscape Architects)承担了设计和施工任务，主要对主建筑前面的庭院和内庭院进行设计改造。设计灵感来自于对“典型代表”的正确理解。关于这个主题，有大量的实例和文献可供参考。原有的建筑含有多种不同的建筑风格，有哥特式建筑、文艺复兴时期的建筑、巴洛克建筑、洛克克建筑，以及古典主义建筑和新艺术运动建筑等。建筑立面反映出内部的装饰情况，在战前时代，建筑风格总是与展览内容的风格相对应。

这种风格的多样性，通过外部景观的特色——经典、现代和内敛，使建筑的吸引力得以提高。借用巴洛克风格理念，采用了倾斜平面，用以改变空间感觉。

入口广场设计

在通往伊萨河（Isar River）的方向、普林茨里根大街开始变窄之前，院落向后退移。在主入口前面，一种很重要的历史性布局，构成翻新改造的基础。这些历史性遗产被充分地吸纳到入口广场和内庭院的新设计方案之中。普林茨里根大街改造之后，作为战后内城自由通行主干道的地位没有改变，而新方案就充分考虑到了这一点。

广场成为一个新型的公共活动场所，既可作为博物馆的出入口，又可作为集会、停留、休憩之地。这种设计方式源自于原来广场中所具有的下沉式花园。向建筑一侧倾斜的花坛，构成广场的心脏部分，创造出对称工整的出入口。地面纵向条带式铺装，以及向建筑方向倾斜的、经过修剪的楔形黄杨木绿篱，增强了空间的纵深感。建筑前面的下沉式花坛，好像是一块地毯。花坛与博物馆之间低矮的台阶，对于这座风景如画的建筑自然而然地构成了一个坚固的平台。

白色石英砾石条带，与黄杨木绿篱和带有不锈钢护拦的草坪，形成鲜明的对比。在朝向入口台阶方向，地面略为倾斜，进一步起到强化空间的作用，从视觉感受上使空间得以扩大。作为一种视觉导向，它把人们的注意力引向台阶，进而通往主入口。夜晚，广场有灯光照明，极富舞台效果，突出体现博物馆在城市景观中的重要作用。通过这种布局，主入口前面原来那种长期停放机动车的现象一去不复返了。现在，两侧通往内庭院的大门，也被赋予新意并具有连贯性。两侧各有一排玉兰树，对称排列，形成一个入口框架，好像是幽雅的开放空间柱列。

内庭院设计

内庭院和后面区域的翻新改造，遵从遗产建筑名录中所给出的相关规则。对这些开敞空间的重新诠释，是建立在历史设计渊源之上的。内庭院的设计布局极为清晰，没有突兀感，与主建筑内庭院的装饰型地面铺装完全吻合。其目的就是为了把博物馆外部空间气氛带入室内。把内庭院看作一个独立的构成要素，在植物选择和材料应用方面，形成一个完整统一的整体。这种设计理念的核心，是要尊重场地的历史脉络，避免对过去一些使用方法和设计安排的简单模仿，为这些外部空间注入新鲜“血液”，使其变得更为丰富，更加生机勃勃。

将来，博物馆建筑中有一小部分，会用来提供餐饮服务。这样，对内庭院的使用就有了特殊的要求，新设计方案也考虑到了这一点。

普林茨里根大街入口

博莱特馆（Bollert collection）东面，设置了一道门，通往餐馆主入口。沿着普林茨里根大街，穿过这道门，就进入一个小型花园庭院。地面铺装材料与前庭院相同，都是奶油色花岗岩。小路的东侧是草坪，西侧是能够自我黏结的砾石层，上覆白色碎石屑。

餐馆平台

原先建造的平台，一部分在第二次世界大战期间被摧毁了，需要进行更新改造。现在，经过改造的平台，与原来的风格相匹配，成为很受欢迎的餐馆平台。位于中心地带的底座，原来用于放置雕塑，现已被移走，创造出明净的开放空间。沿墙种植了一些珍贵的玫瑰品种，原来草坪中的紫杉造型树予以保留。对位于主台阶与餐馆平台之间的低矮的黄杨木绿篱，进行了更换。台地地面、墙体和台阶铺面采用花岗岩，与前庭院和道路相同。

主建筑内庭院

根据建筑前面原来下沉花坛的风格特征和赛德尔（Seidl）原来的规划方案，在内庭院草坪中镶嵌了大块石板，以其独具风格的花卉图案，对建筑波形山墙重新予以诠释。丰富多彩的立面与地平面相呼应，透过大楼窗户可以将美景尽收眼底。

内庭院中的道路，采用的是能够自我黏结的砾石层，上覆白色碎石屑。两株高大的欧洲椴和三株黄杨，予以保留，另外又增加了三株黄杨，与原来的规划相协调。

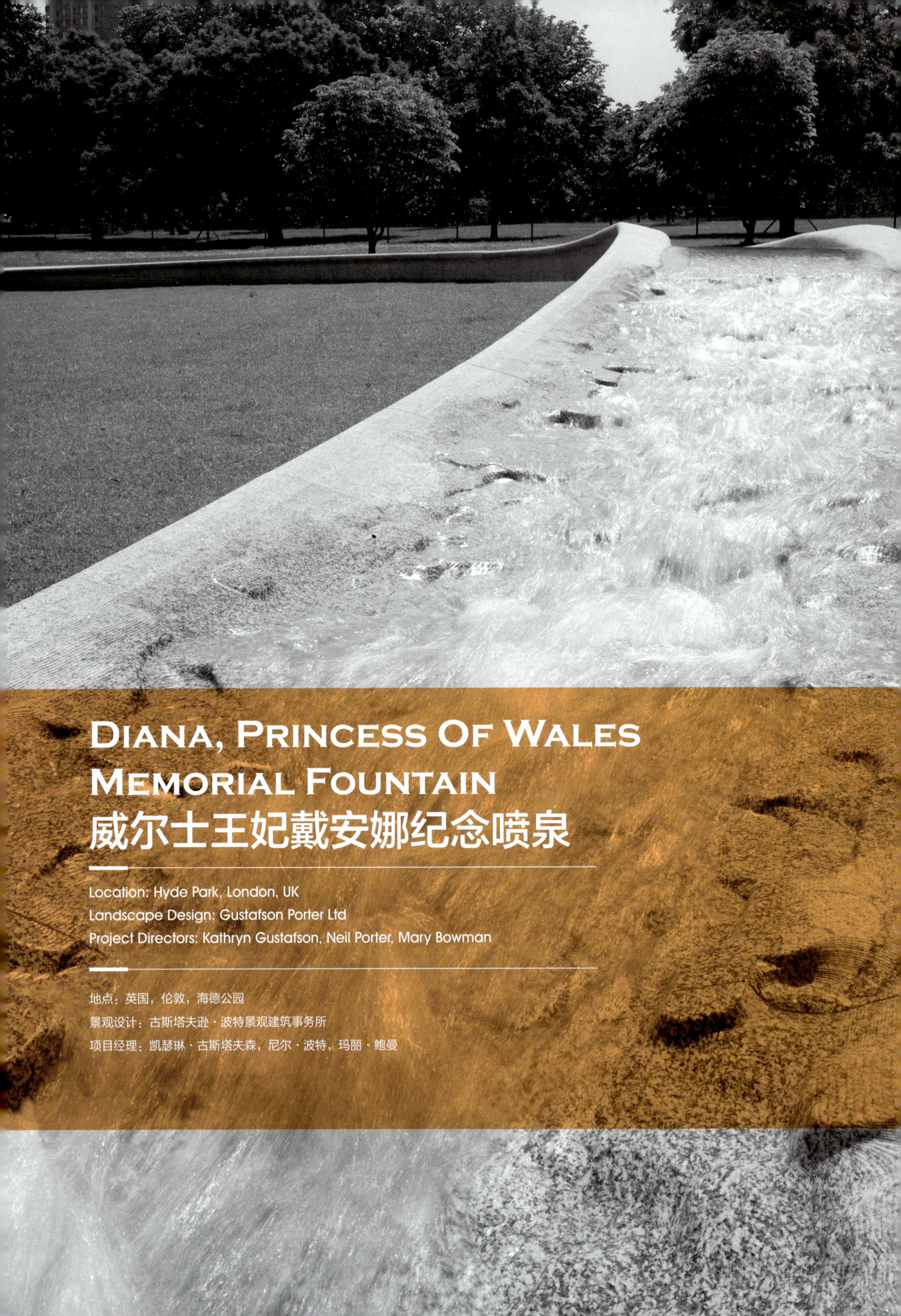

DIANA, PRINCESS OF WALES MEMORIAL FOUNTAIN
威尔士王妃戴安娜纪念喷泉

Location: Hyde Park, London, UK
Landscape Design: Gustafson Porter Ltd
Project Directors: Kathryn Gustafson, Neil Porter, Mary Bowman

地点：英国，伦敦，海德公园
景观设计：古斯塔夫逊 · 波特景观建筑事务所
项目经理：凯瑟琳 · 古斯塔夫森，尼尔 · 波特，玛丽 · 鲍曼

Background to the Work on the Memorial

The work to turn the design of the Diana, Princess of Wales Memorial Fountain from an artist's impression into reality involved skilled craftsmen from across the UK and groundbreaking high-tech production techniques previously used in the automotive industries. It seemed appropriate that the combination of contemporary and traditional methods should be used in the permanent memorial to reflect the life of the Princess.

The team responsible for the design and construction of the Memorial included landscape designers, computer modeling specialists, consultant engineers, construction professionals and expert stonemasons. The skills and abilities of each company or organization contributed to the success of this important national project.

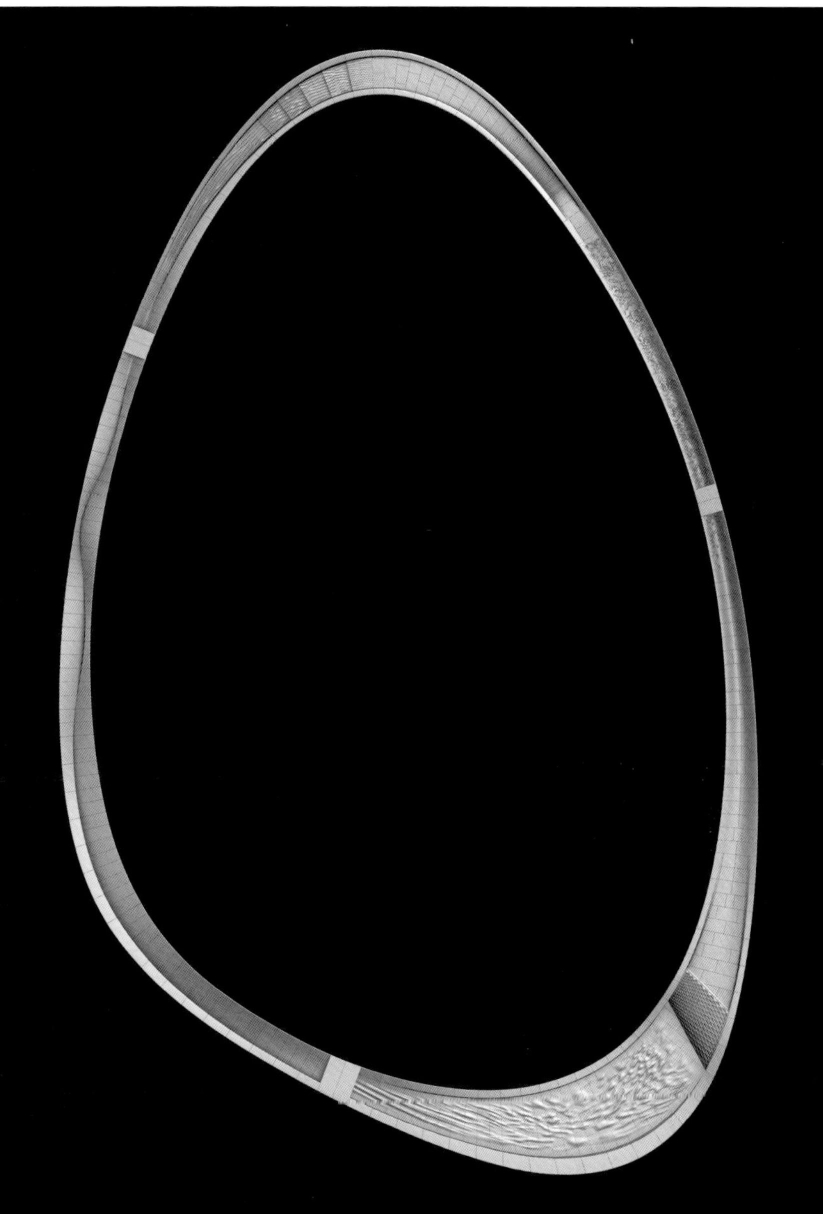

The Design

The design for the Diana, Princess of Wales Memorial Fountain by Gustafson Porter went through a number of key stages. It began with the designers' first model of the Memorial and their description of the complex textures, patterns and water features on its surface that would make the water tumble, cascade, curl and bubble as it ran its course. It also involved the development of the hydraulic design of the various water jets in collaboration with Arup engineers. The challenge was to make this vision into a technically deliverable programme of work.

Initially, a clay model was created by designers Kathryn Gustafson and Neil Porter. As well as modeling the fountain, it also incorporated the reworking of the land around the fountain in Hyde Park. Once completed, a rubber mould of the clay model was created and a cast from the mould was digitally scanned by the Ford Motor Company to create a 'three-dimensional scan file'. The Ford 'scan file' allowed the design team to create sections through the Memorial's granite ring and surrounding landform to

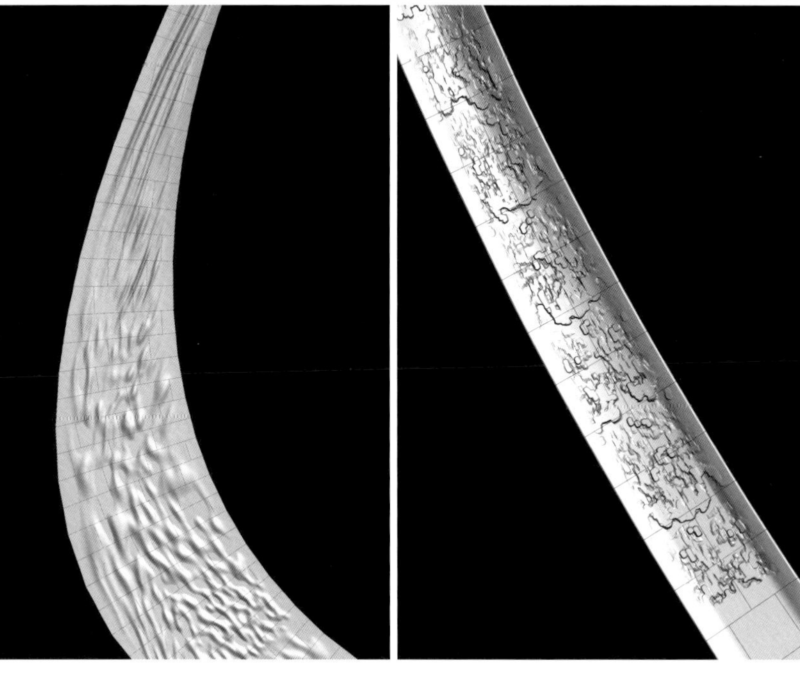

develop the design of the features in more detail. This was the first time that this software had been used for architectural purposes – it had to be adapted from its usual automotive industry applications.

Surface Development & Engineering (SDE), a British firm specialising in high quality computer generated surface models were able to develop the design from Gustafson Porter into the final smooth 3D model. They used their computers to model the full shape of the Memorial, creating a seamless electronic file detailing the exact shape and location of each of the 545 stones in the Memorial. This file, referred to as a 'jelly mould', could then be divided into individual 'virtual' blocks for the stonecutters.

Barron Gould-Texxus, a British company specialising in the design of textured surfaces, had recently solved the problem of digitally creating all types of texture patterns, visualising them on 3D objects and reproducing them in the real world. They were employed to computer model the surface patterns and were then given the task of merging the more than 230 square metres of unique surface effects with SDE's 'jelly mould' file.

The outcome of this groundbreaking technical effort was a set of complex computer files that described, with engineering accuracy, the precise shape and surface texture of each piece of stone in the Memorial. At the same time one key area of the Memorial, known as the 'swoosh', was built in mock up by Imperial College, London. This was used in trials to fine tune the spectacular water effects at this key section. Another mock-up was produced by water feature specialists Ocmis, of the 'bubbles' introduced into the western side of the fountain.

Description of the Memorial Fountain

Opened in July 2004, this fountain is no ordinary water feature. The Memorial is an oval of water set lightly across the existing contours of the site. The feature uses the topography to divert the water downhill in two directions.

The Gustafson Porter design expresses the concept of 'Reaching Out-Letting In'. This is based on the qualities of the Princess of Wales that were most loved, her inclusiveness and her accessibility. The presence of the fountain surrounded by open landscape has an energy which radiates outwards while at the same time draws people toward it. There are various features along the fountain which have been created by texturing the stone or by adding jets of water.

Source

The Source is located at the highest point where water bubbles up from the base of the fountain. Approximately 100 litres per second of water is pumped up hill from a storage tank in front of the refurbished plant room beside the Serpentine. From here it runs downhill in two directions (east and west).

East

Steps

The water bounces down a cascade of steps which have been richly textured with a surface evocative of natural patterns or pleated fabric.

After this there is a level crossing point for people to enter the heart of the oval from the outside of the ring.

Rocks and Rolls

The water then enters an area where the granite has been sculpted so that the water gently rocks and rolls as it travels along a subtle curve.

Swoosh

The water then picks up momentum before it enters a subtle curve where five water jets create patterns of water and

additional energy is pumped into the fountain which the designers have named the 'swoosh'.

West

Mountain Stream

The granite channel to the west of the Source has been highly textured using innovative stone cutting techniques to create a lively play of water which recalls a mountain stream or babbling brook. The water then passes under a level crossing point where the stone channel begins to flatten out.

Bubbles

As the water travels further, the channel widens out and air bubbles are introduced into the water in five locations. The bubbles are carried downstream where the water becomes a tumbling cascade of white water as it corners over a waterfall.

Chaddar

A 'chaddar' is a water feature created by the flow of water over elaborately carved stone found in traditional Mughal gardens. The chaddar is one of the prominent water features where the water spills over from the western side before tumbling into a large pool at the bottom of the ring.

The Reflecting Pool

The water traveling from both east and west ends its journey in a reflective basin at the lowest point of the water feature. The visible surface of the water at this point is enlivened by special texturing at the bottom of the pool. The water which has joined together from both sides of the fountain leaves the ring at this point. The water is then pumped back to the Source to continue its unending cycle.

项目背景

威尔士王妃戴安娜纪念喷泉，从艺术设计到施工建设，应用了英国现有的大量技术工艺，以及汽车行业的具有突破性的高新技术。为了建造永久性的纪念设施，反映出黛安娜王妃一生的生活经历，把现代技术与传统方法相结合，是非常必要的。

设计施工团队组成人员，包括景观设计师、计算机建模专家、咨询工程师、施工专家和专业石匠。参与这个项目的各家公司和组织机构，都为这个全国性项目的成功建设做出了重要贡献。

设计

威尔士王妃戴安娜纪念喷泉设计方案，由古斯塔夫逊 · 波特（Gustafson Poter）提出。从方案的提出，到最终确定，经历了几个关键阶段。首先，设计师本人提出了一个模型，并且对质地、形态和水的表面特征，进行了阐述。根据设计师的描述，水在流动过程中呈现翻滚、瀑布状下泄、波浪状卷曲以及形成气泡等多种形态。与奥雅纳工程

顾问工程公司合作，按照水力学的要求，对各种喷头进行了设计。所面临的挑战，就是如何把这种视觉形象，转换成技术上可行的、可实施的方案。

最初，设计师凯瑟琳·古斯塔夫森（Kathryn Gustafson）和尼尔·特波（Neil Porter）创作了一个黏土模型。除了创造喷泉模型之外，对海德公园中喷泉周围的地形也进行了重新塑造。模型制作完成之后，加上了橡胶铸模，然后由福特汽车公司进行扫描，创建“三维模型扫描文件”。有了福特“扫描文件”，对于花岗岩组成的椭圆圆环和周边地形，设计团队可以创造出多个剖面，对细部进行详细设计。这是首次把这个软件应用于建筑设计，其通常应用于汽车行业。

表面开发工程公司（Surface Development & Engineering，SDE），是一家英国公司，专门致力于高质量计算机表面模型的创建。由该公司把古斯塔夫逊·波特的设计，最终转化成平滑的3D模型。计算机模型描绘出纪念喷泉的全部形态，形成一个无缝电子文档，详细描述每一块石头的形状和位置，共计545块石材。这种文件，称为“果冻铸模”，可以再划分成单块虚拟石块，以便进行切割。

Barron Gould-Texxus也是一家英国公司，专门从事表面肌理设计。最近，该公司刚刚解决了各种不同类型的表面肌理数字化模型创建问题，把各种不同的表面肌理，转换成视觉3D对象，然后，再在现实世界中重现。各种不同表面形态的计算机模型，与表面开发工程公司的“果冻铸模”文件相配合，创造出面积达230余平方米的独特的表面效果。

采用这种突破性技术所获得的最终结果，就是一组复杂的计算机文件。在这组文件中，按照工程精度要求，对每一块石头的形状和表面肌理进行了精确描述。与此同时，纪念喷泉中的一个关键区域，称为“哗哗流淌”，由伦敦帝国学院进行仿造。对这一关键区域的特殊水景效果，进行了精细的调整。还有一项工作，由水景专家奥克米斯（Ocmis）来完成，目的是把“气泡”引到喷泉的西边。

纪念性喷泉描述

这座喷泉于2004年7月正式落成并对外开放。这不是一座普通的喷泉。喷泉呈椭圆形，与场地内原有的等高线略为交叉。运用这种地形，把水流导向两个方向。

古斯塔夫逊·波特的设计，表达了一种“外达内通”的理念。这是源于威尔士王妃的个人品质：博爱、宽容和亲和。喷泉周围的景观，呈辐射状向外扩展，同时，又把人们吸引到它的周围。通过石块表面肌理的处理和喷头的设置，创造出了各种不同的水景特征。

水源区

水源区位于最高点上。水从喷泉底部呈气泡状冒出。利用水泵把水从蓄水池中抽出，大约100升/秒。蓄水池靠近蛇形湖，就在植物区前面。从这里开始，水沿着山坡向下流动，分成两个方向——东路和西路。

东路

台阶

水流呈阶梯式，弹跳着向下流动。台阶表面采用天然形态或者人工褶裥形态，肌理变化丰富，富有吸引力。

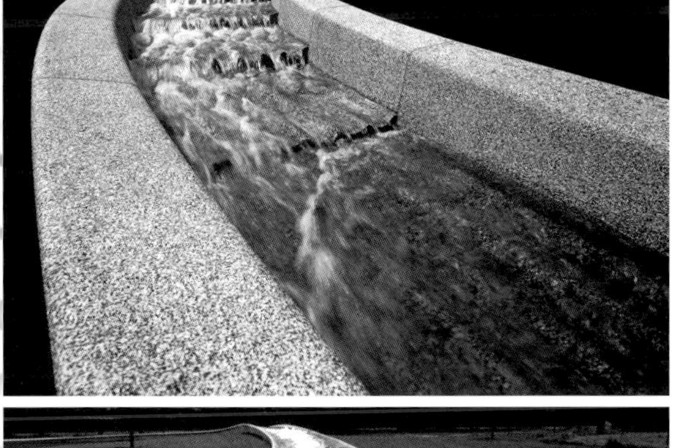

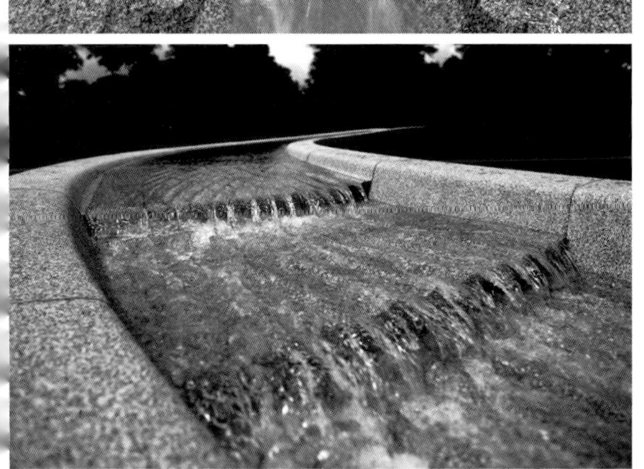

摇滚

水流然后进入另一个区域。在这里，花岗岩石块经过了雕刻处理，水流缓缓地呈曲线状流动，轻轻地左右摇摆。

哗哗流淌

在这里，水流获得动力，进入微微弯曲的曲线之中，5个喷头创造出一组水景。水流获得额外能量，注入喷泉之中。设计师把这个区域命名为“哗哗流淌”。

西路

山间溪流

水源的西边有花岗岩组成的水渠，采用创新性石块切割技术，对表面肌理进行了较大的处理，创造出生动的水景，让人们不禁联想起山间小溪或者潺潺流动的小河。然后，水流穿越一道横向节点，在这里，石块砌成的水渠开始变得平整起来。

气泡

水流继续向前流动，渠道加宽，在5个点位引入气泡。气泡沿着水流向下流动，形成一条翻滚的白色瀑布。

查达尔

“查达尔”，是传统莫卧儿花园中常见的水景。水流从人工雕刻的石块上面流过。在这个纪念性喷泉中，“查达尔”水景格外耀眼。在这里，从西边而来的水流水花飞溅，翻滚着进入大型水池之中。

倒影池

从东西两个方向来的水流，最终都流入最低处的倒影池中。在这里，通过对池塘底部进行特殊的肌理处理，可见水面显得更为生动。从东西两个方向汇聚到一起的水流，在这里脱离喷泉。然后，通过水泵，水流再次回到源头处，继续循环。

Columbus Circle, New York
纽约哥伦布环岛

Location: New York, USA

Design Company: Olin Partnership

Area: inner ring 3345 m^2, outer ring 13,750 m^2

地点：美国，纽约

设计公司：奥林联合事务所

面积：内环约为 3345 平方米，外环约为 13 750 平方米

"Finally, a traffic island worth the effort! This project makes a real difference, it animates the urban design of that area."

– 2006 Professional Awards Jury Comments

Project Scope

Columbus Circle, born from Frederick Law Olmsted's design concept for Central Park, has been rethought and redesigned many times since its erection in 1905. Located at one of the principal entrances to the Park, Columbus Circle had fallen into general disuse due to its failure to serve as a functional, safe and inviting public space, as well as its inability to foster real estate development in the surrounding area. The landscape architect's initial study in 1989 for the Central Park Conservancy led to subsequent traffic studies that returned the space to a circular traffic pattern.

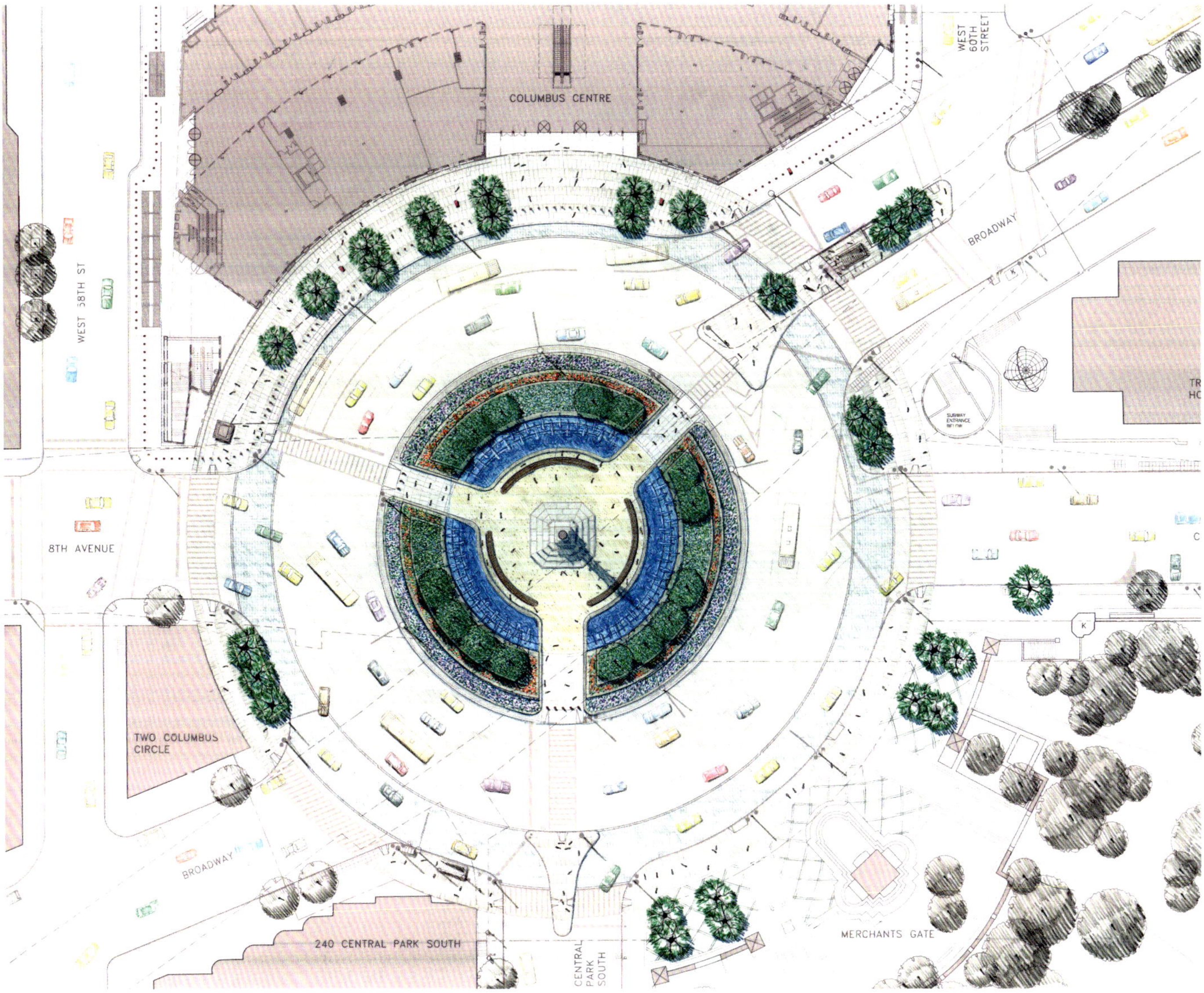

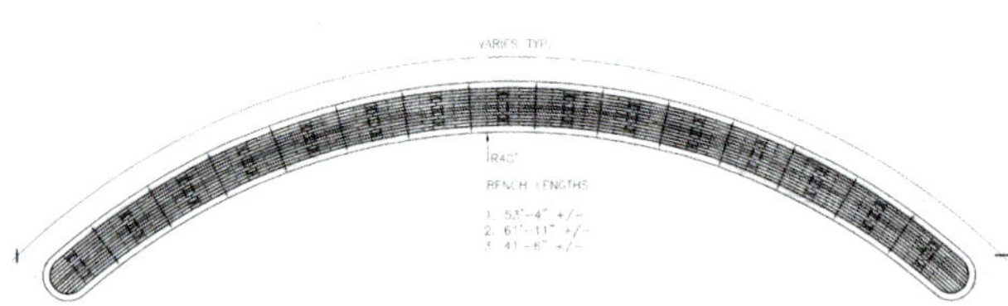

Bench Design - Overall Plan
Scale: 1/4" = 1' - 0"

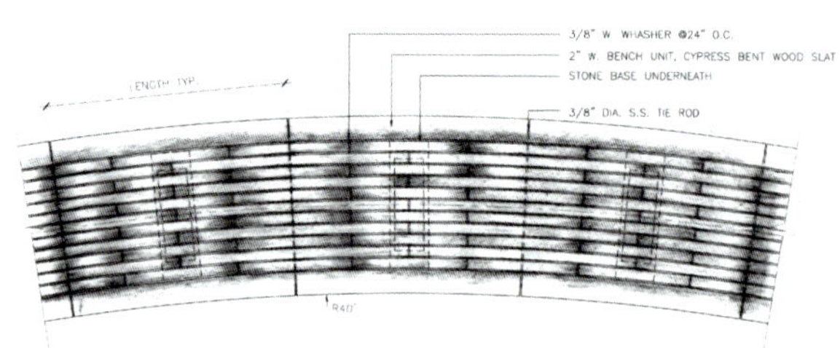

Bench Design - Enlarged Plan
Scale: 1" = 1' - 0"

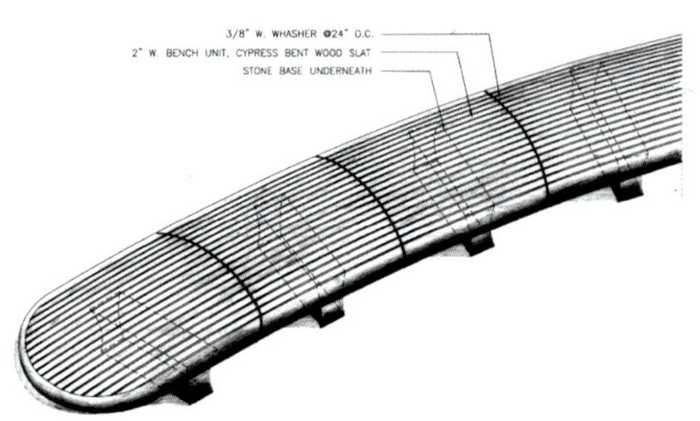

Bench Design - Isometric
Scale: 1/4" = 1' - 0"

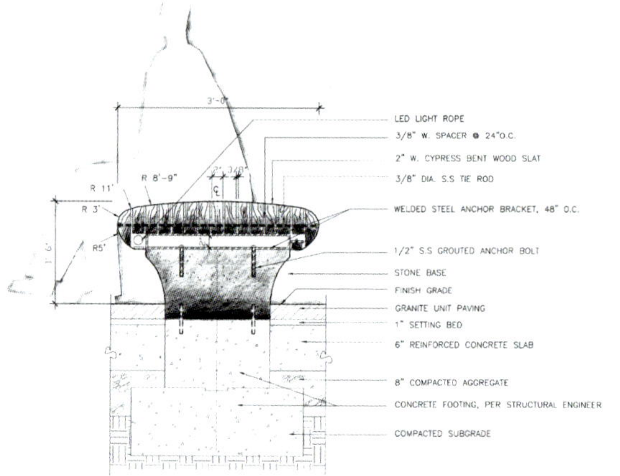

Bench Design - Detail
Scale: 1 1/2" = 1' - 0"

In conjunction with the development of the Time Warner Center, the City of New York commissioned a redesign of the historic circle in 1997. In 2001, the landscape architecture team and collaborating engineers developed a design that would transform the site into a powerful urban space attracting New York City residents and visitors with its vibrant planting, a series of fountains, striking benches, paving and lighting, all working together to accentuate the uniqueness and vitality of the Circle and the city as a whole.

Project Size

The inner circle measures approximately 3345 m^2. The outer circle is approximately 13,750 m^2.

Intent

The intent of the design was to return the historic monument to public access and appreciation, fostering a safe and interactive environment not present for a generation. The landscape design was conceived to secure the site as an attractive addition to the public realm of New York City at one of the principal entries to Central Park and the intersection of three significant streets: Broadway, Eighth Avenue and 59th Street. The design is based on concentric rings of movement and light to elicit the feeling that the Circle is not only the center of New York City, but also the center of the universe.

Design Challenges

Two subway tunnels and an elaborate network of both private and public utilities, including electric, telephone and sewers, are located beneath the Circle. All utilities that were in conflict of the redesign were addressed with the appropriate utility representatives to discuss opportunities for relocation. Surface treatments, sidewalks, lighting and amenity designs around the project site were coordinated with adjacent property owners.

The site also suffered from clutter due to an excess of traffic signs and lighting. The landscape design team collaborated with city agencies to reduce the number of signs and light fixtures without jeopardizing the safety of pedestrians and drivers.

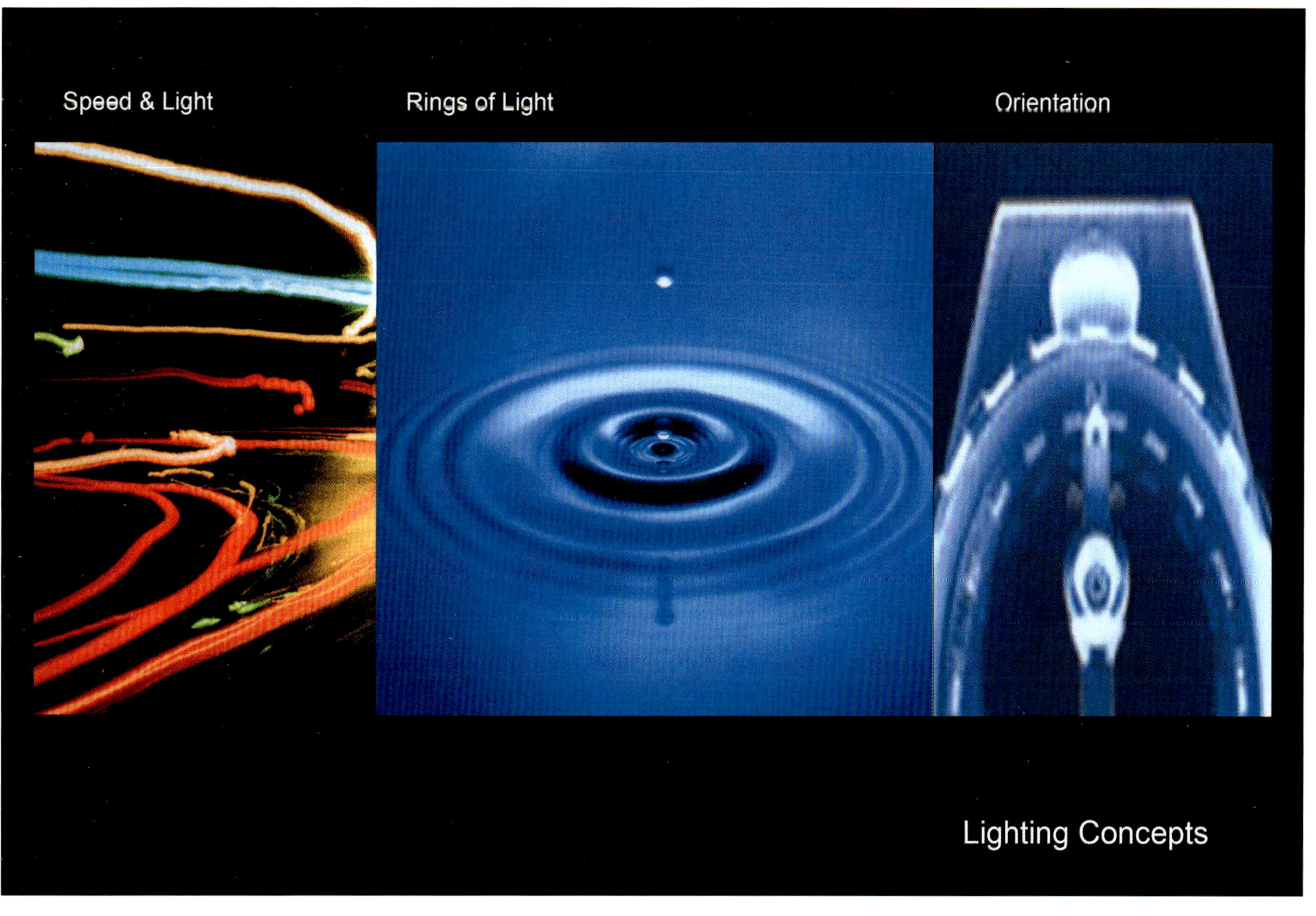

Materials and Installation Methods Used

With agency agreement on the geometric and pedestrian access plan, the landscape architects prepared a design of the inner circle that included a new fountain, monument and pedestrian lighting, and site amenities.

Today, Columbus Circle, with the monument at its center, consists of a series of concentric rings that buffer the traffic; a broad, gently raised area of planting; and a series of fountains, paving, benches and lights. On the outer perimeter, a ring of raised stone cobbles establish setback areas for street lighting, signals, signage, etc., so that the inner pedestrian area remains free of clutter.

The outer cobble band provides a buffer area between the planting beds and adjacent travel lanes that minimizes intrusion of salt and road debris into the planter beds.

The previous small fountain surrounding the monument base was removed and replaced by a central plaza that reinforces the monument's grandeur within the Circle. Visitors can now approach the monument, read the inscriptions, study the relief sculptures and occupy the center of the Circle – something that was not previously possible.

Replacing the central fountain are three new basins that encircle the central open area. Shaped as a series of concentric ledges that form cascading jets arching toward the center, the new fountains reinforces the circular design and primacy of the monument while masking the noise of the traffic and tempering the climate in summer. The new fountain is simple and honorific. When turned off, it serves as a series of bleacher seats to avoid the forlorn character of many empty

fountain bases during the winter months.

New custom designed benches made of Brazilian Ipé wood run along the edge of the fountain. The benches are scaled to complement the civic space and are large enough to allow individuals to sit comfortably back-to-back, facing either the active water and planting or the monument.

Lighting is also a central component of the site's landscape design. The number of lighting fixtures was greatly reduced in order to eliminate clutter. What remains is what is necessary for the safety of people and traffic flow. Roadside lighting was eliminated from the inside of the Circle and now roads are lit from the outside edge only. All of the lighting reinforces the site's theme of concentric circles.

Plantings

The plantings provide concentric rings of beauty and a year-round color palette. A ring of American Yellow Buckeye trees frame axial views to the historic monument, while providing a partial enclosure in the center where the monument stands. Rings of Liriope, Sporobolus, Cotoneaster and colorful annuals surround the trees. The outside circle is home to Honey Locust trees, which provide excellent light shade for the walkways.

Community Context

Columbus Circle is now a place to pause and refresh oneself in the midst of one of the busiest intersections in the metropolis. It is a foyer to Central Park, an event on Broadway, and a handsome scene for those who live, work and visit the city. The landscape design improvements signify the importance of this civic space and monument, and secure it as an inviting and celebratory place.

Environmental Impact and Concerns

Returning traffic to a circular patter has calmed and eased the flow of traffic. The new crosswalks and circle design have improved pedestrian safety.

Collaboration Process among Owner/Client and Designer(s)

The complexity of the project required close collaboration between the landscape architect, civil and structural engineers, fountain and lighting designers, as well as the Metropolitan Transportation Authority, the developers of Time Warner Center and the City of New York, represented by the City Planning Office, the Department of Design Construction, the Department of Parks and Recreation and the Central Park Conservancy. The landscape design team worked with other organizations during the redesign of the project, including the Art Commission of the City of New York, the Landmarks and Preservation Commission and Neighborhood Community Boards.

“最终，建成了一个交通岛，真是太棒了。这个项目的确与众不同，为这一地区创造了生机和活力。”

——2006年专业设计奖评审委员会评语

项目范围

哥伦布环岛，根据弗雷德里克·劳·奥姆斯特德（Frederick Law Olmsted）的中央公园设计理念，于1905年建成。其中，经历了无数次的构思和重新设计。该环岛位于中央公园的一个主入口附近。作为一个公共空间，因其在功能性、安全性和吸引力方面，都没有起到应有的作用，并且对周边房地产开发也没有起到带动作用，总体来说一直处于闲置状态。1989年，中央公园保护协会组织有关景观设计师，对这一地区进行了初步研究。在涉及交通研究时，建议把这一空间改造成环形交通格局。

1997年，纽约市政府对这个历史性的环岛进行重新设计，并且将其与时代华纳中心（Time Warner Center）的开发建设联系起来。2001年，景观设计团队和与他们合作的工程师，共同提出了一个设计方案。在这个方案中，这块场地被改造成了富有魅力的城市空间，用以吸引纽约市的居民和游客前来观赏游览。这里，有令人心动的植物、一系列的喷泉、极具美感的坐凳、宜人的地面铺装和多彩的灯光，所有这一切，都对这个环岛的独特性和活力，以及它在整个城市中的作用，起到了强化效果。

BUS

项目规模

内环面积大约为3345平方米，外环面积大约为13 750平方米。

设计目的

该设计旨在把这个历史性的纪念空间，转换成公众可以接近的、可以欣赏游览的、安全而又可以互动的空间环境。在中央公园主入口附近、三条重要街道的交汇处（百老汇大街、第8大街、第59大街），通过设计改造，为纽约市增加一处引人入胜的公共空间。基本设计构思是通过运动和灯光组成同心圆环，创造出这样一种感觉：这个环岛不仅是纽约市的中心，而且是整个宇宙的中心。

设计所面临的挑战

环岛下面有两条地铁隧道，以及各种私人和公共设施网络，包括电力、电话和污水排放管道等。对于与新设计方案产生冲突的各种设施，都需要与其所有人进行协商，探讨搬迁的可能性。地面处理、人行道、照明以及便利设施设计等，都需要与邻近地产所有人进行协商。

场地的交通标志和照明，数量过大，过于混乱。景观设计团队需要与有关市政机构进行协调配合，减少交通标志和照明装置的数量，但又不能影响行人和驾驶员的安全。

材料选择以及相关的施工方法

经过与有关机构协商讨论，就场地的几何造型和步行道设计，景观设计师提出了一个内环设计新方案，在内环上设置喷泉、纪念碑、步行道照明以及便利设施等。

如今，哥伦布环岛，以纪念碑为中心，包括一系列的同心圆环，与交通道路之间形成缓冲带。此外，还有宽广的略为抬高的植物种植区、一系列的喷泉、漂亮的地面铺装、精美的坐凳和迷人的灯光。内环的外缘，有一块后退区域，鹅卵石铺装，略为抬高，用以安装路灯、交通信号灯和标识系统等。这样，内环步行区不再显得杂乱无章、混乱无序了。

外缘鹅卵石条带，在花坛和邻近小路之间，形成一条缓冲带，最大限度地阻碍盐分和尘埃的进入。

纪念碑周围原有的小喷泉，被去掉之后改造成了一个中央广场，更加体现出纪念碑的宏伟高大。游客可以站在这个环岛的中心，接近纪念碑，阅读上面的碑文，研究这些雕塑，这在以前是不可能的。

原来的中央喷泉，被改造成三个新池塘，围绕着中央开放区布设。新设的喷泉形似一系列同轴倾斜的立杆，向中央方向弯曲，形成瀑布似的喷射水流，其对环岛的环形设计和纪念碑的主体地位，进一步起到了强化作用。同时，又能够阻隔交通噪声，缓解夏天的炎热。这组喷泉看似简单，却很有新意。冬季，喷泉关掉之后，其就转换成一系列的坐凳，避免给人一种荒凉的感觉——而这是许多喷泉基部在冬季所具有的现象。

喷泉边缘新安置的定制坐凳，材料为巴西核桃木。坐凳的尺寸大小与这块城市空间相匹配，可以很舒服地背对背坐下，欣赏跳动的水流、绿油油的植被以及高大的纪念碑。

在这个场地的景观设计中，照明也是一个中心构成要素。为了避免混乱繁杂，照明设施的数量大为减少。保留下来的都是对于行人和交通安全来说必不可少的。内环中的道路照明被去掉了，仅有外缘照明。所有的照明设计，对这个场地的同心圆主题，都起到了强化作用。

种植设计

种植设计采用同心圆形式，一年四季色彩变换，美观漂亮。在通往历史性纪念碑的方向，美洲黄七叶树形成一条视觉轴线，对纪念碑形成部分围封。树木周围栽植麦冬、鼠尾粟和枸子。外圈种植美洲皂荚，为步行道提供良好遮阴。

社区

现在，在纽约这座大都市最繁忙的交叉入口处，哥伦布环岛成为一处可供人们休息放松的场所。其是通往中央公园的门庭，是百老汇大街上的重要景观，为那些在这座城市中生活和工作的人们以及来访的游客，创造了一处亮丽的风景。景观设计的提升改造，对这块城市空间和纪念碑的重要性起到进一步的强化作用，使它成为一处很受欢迎的、举行庆贺活动的场地。

环境方面

使车辆回归环形车道，可以减缓车速，降低噪声，环境也更加安静。新设计的过街通道和环形通道，进一步提高了行人的安全性。

地产所有人、客户以及设计师之间的合作过程

由于这个项目的复杂性，需要多方面的合作，主要包括景观设计师、市政和结构工程师、喷泉和照明设计师、都市运输局、时代华纳中心开发商、代表纽约市的城市规划局、设计施工局、公园与娱乐管理局，以及中央公园保护协会等。景观设计团队还与其他组织机构进行了合作，比如纽约市艺术委员会(the Art Commission of the City of New York)、地标建筑保护委员会(the Landmarks and Preservation Commission)、邻里社区董事会(Neighborhood Community Boards)等。

Franklin D. Roosevelt Four Freedoms Park

富兰克林·D·罗斯福四大自由公园

Location: New York, USA

Designer: Louis I Kahn, Harriet Pattison

Area: 16,187 m^2

地点：美国，纽约

设计师：路易斯·康，哈里特·帕蒂森

面积：16 187 平方米

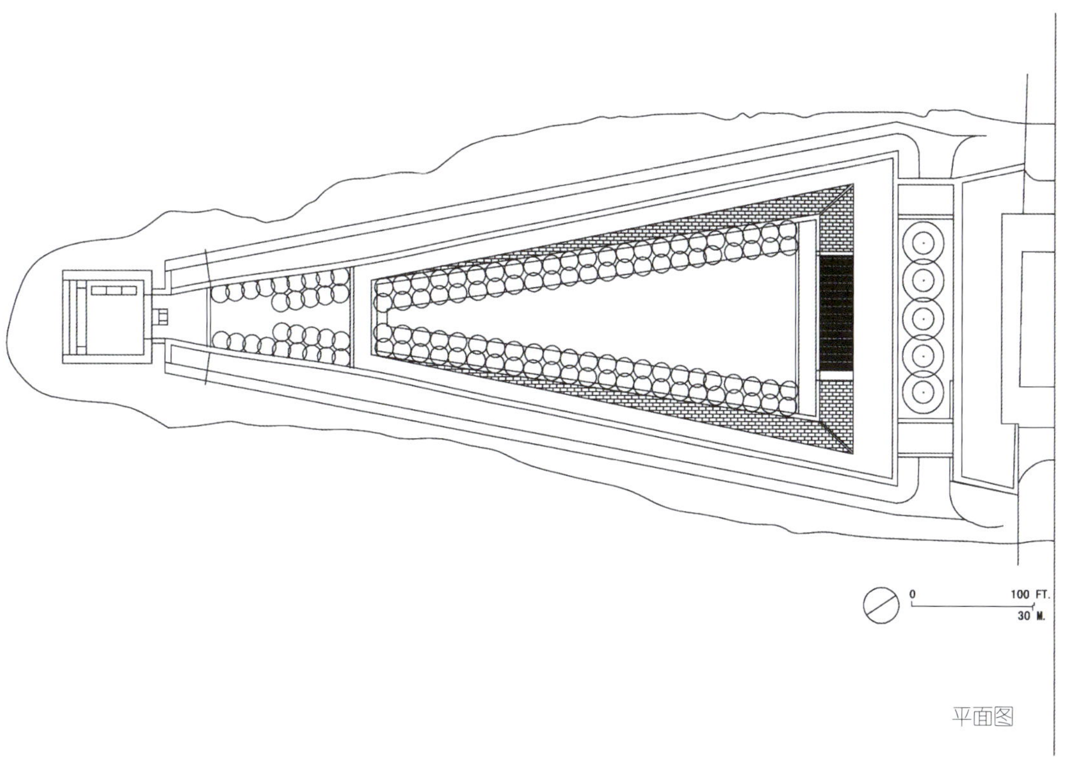

平面图

"I had this thought that a memorial should be a room and a garden. That's all I had. Why did I want a room and a garden? I just chose it to be the point of departure. The garden is somehow a personal nature, a personal kind of control of nature, a gathering of nature. And the room was the beginning of architecture."

– Louis I Kahn, lecture at Pratt Institute, Fall, 1973.

Conceived by Louis I Kahn in 1973, the Franklin Delano Roosevelt Memorial on Roosevelt Island in New York City was a project nearly forty years in the making. Delayed by Kahn's death in March of 1974 and derailed for years as a consequence of a financial crisis that struck the City and State of New York, the Memorial, renamed Franklin D. Roosevelt Four Freedoms Park, was completed in October of 2012.

Located on the southern tip of Roosevelt Island in the East River between Manhattan and Queens, it sits almost directly east of the United Nations Complex on E 42nd Street. The New York Times was an early advocate for the site noting that "It has long seemed to us that an ideal place for a memorial to FDR would be on Welfare Island, which...could be easily renamed in his honor... It would face the sea he loved, the Atlantic he bridged, the Europe he helped to save, the United Nations he inspired."

The park as initially conceived by Louis Kahn and his close collaborator, the landscape architect Harriet Pattison, consisted of five parts:

Major Elements

-The Room "a place of inspired use".

-The Garden, a place where "the wildness of the American continent gives way to the order of the room".

Supporting Elements

-The Grove, where one receives "the invitation to visit the memorial".

-The Sculpture and Forecourt, provides "a most personal welcome at the foot of the garden...".

-The House in the Garden, a place for amenities that was unbuilt.

After gathering at the grove of five Beech Trees (Fagus sylvatica), the visitor ascends the stairs to the Garden; a tilted lawn with a distinctive allee of 120 Littleleaf Lindens (Tilia cordata) focuses the visitor, through the geometry of its plan, on a colossal bust of the President. The 1050 pound (476 kg) bronze sculpture was based on a study by Jo Davidson made in 1933 while Roosevelt was in the White House. The bust marks the entrance to the room that provides a view to the south over the East River. Here, Kahn sought to invoke the spirit of FDR and ask the viewer to confront the world not as a picture perfect vista but as it is; replete with public housing, hospital towers and factories. The "walls" of the room are constructed of 6'x6'x12' (1.83 mx1.83 mx3.66 m) granite blocks that weigh 38 tons each. Each block of granite is separated by a one inch (2.54 cm) gap. The room is bounded on its southern flank by a ha-ha, a favorite architectural device of Kahn, that serves as a viewing platform, boundary and bench. The room has no inscriptions and seeks to inspire and question the viewer without limning what those ideas must be.

The design was completed in 2012 in conjunction with the Four Freedoms Park Conservancy and Mitchell/Giurgola Architects (who initially worked in association with David P Wisdom & Associates – Kahn's successor firm). It is Kahn's only built work in New York City.

“我有这样的想法：纪念性场地应该是一个房间和一个花园。这就足够了。为什么我想做一个房间和一个花园呢？我仅仅是把它作为项目的起点而已。花园往往都带有某种自然天性、某种对自然的控制，以及各种自然要素的集合。房间则是建筑的起点。”

——路易斯·康（Louis I Kahn），在普拉特学院的演说，于1973年秋。

位于纽约市罗斯福岛上的富兰克林罗斯福纪念公园，于1973年由路易斯·康进行构思设计，到最后完工大约花了40年的时间。1974年3月，项目因路易斯·康的去世而拖延。之后，纽约州和纽约市受经济危机影响，项目又被搁置。整个项目最终于2012年10月完成，并重新命名为富兰克林·D·罗斯福四大自由公园。

这个公园位于曼哈顿岛与皇后岛之间的东河流域罗斯福岛的南端，几乎就在第42大街联合国总部正东面。纽约时报很早就支持把这座公园建设在韦尔弗尔岛（Welfare Island，1973年后改称罗斯福岛）上。纽约时报曾经这样报导：“富兰克林罗斯福纪念公园的理想场地，应该是韦尔弗尔岛，我们已经关注很长时间了。在这里，可以让人们很容易地回想起他的贡献。公园面向他所喜爱的大海、他横渡过的大西洋、他所拯救的欧洲，以及受其启发所创立的联合国。”

这个公园最初由路易斯·康和他的亲密合作伙伴景观设计师哈丽雅特·帕丁森（Harriet Pattison）进行构思设计。主要由以下5个组成部分构成。

主要设计要素

房间：各种应用空间的灵感之源。

花园：在这里，“美国大陆的荒凉，让位于有序空间”。

支撑要素

小树林：游客在这里得到邀请，“恭候光临”。

雕塑和前庭院：在花园的入口处，创造出一种最具个性的欢迎方式。

花园中的房屋：这是一个充满舒适感的地方。

IN THE FUTURE DAYS WHICH WE SEEK TO MAKE SECURE,
WE LOOK FORWARD TO A WORLD FOUNDED UPON FOUR
ESSENTIAL HUMAN FREEDOMS. THE FIRST IS FREEDOM OF
SPEECH AND EXPRESSION - EVERYWHERE IN THE WORLD. THE
SECOND IS FREEDOM OF EVERY PERSON TO WORSHIP GOD
IN HIS OWN WAY - EVERYWHERE IN THE WORLD. THE THIRD
IS FREEDOM FROM WANT... EVERYWHERE IN THE WORLD.
THE FOURTH IS FREEDOM FROM FEAR... ANYWHERE IN THE
WORLD. THAT IS NO VISION OF A DISTANT MILLENNIUM.
IT IS A DEFINITE BASIS FOR A KIND OF WORLD ATTAINABLE
IN OUR OWN TIME AND GENERATION.
FRANKLIN D. ROOSEVELT
JANUARY 6, 1941

游客从由5株欧洲山毛榉（Fagus sylvatica）构成的小树林出发，沿着台阶向下进入花园。然后，就是一片倾斜的草坪，与场地的几何形状相呼应。草坪两侧各有一条林荫小路，由120株欧洲椴（Tilia Cordata）排列而成。最后，来到这个纪念公园的顶点，罗斯福的巨幅头像就映入了眼帘。这座重达1050英镑（476千克）的雕塑，是根据1933年裘·戴维森（Jo Davidson）的研究雕制而成，当时罗斯福还在白宫工作。从这座雕像往南可以眺望东河。在这里，路易斯·康试图使游客意识到：世界并不是一幅完美的图画，而是有它自己的真实存在。对面就是各种各样的公共建筑、医院大楼和工厂。房间的“墙壁”，是用花岗岩做成，每块大小为6'x6'x12'（1.83米x1.83米x3.66米），重38吨。花岗岩之间的间距为一英尺（2.54厘米）。房间的南界由矮墙构成，是路易斯·康所喜欢的一种建筑要素，其同时又是观景平台、边界和坐凳。房间里并没有任何文字，而是想在没有任何描述的情况下，激发游客展开想象。

设计方案于2012年完成，合作方包括四大自由公园保护协会（the Four Freedoms Park Conservancy）和米切尔·吉哥拉建筑设计公司（Mitchell/Giurgola Architects）。这家公司最初与David P Wisdom & Associates合作，是路易斯·康的后继公司。该项目是路易斯·康在纽约市唯一一个建成的项目。

FLIGHT 93 NATIONAL MEMORIAL
93 号航班国家纪念园

Location: Shanksville, Pennsylvania, USA
Architecture Design: Paul Murdoch Architects
Landscape Design: Nelson, Byrd, Woltz Landscape Architects

地点：美国，宾夕法尼亚州，尚克斯维尔
建筑设计：保罗·默多克建筑设计事务所
景观设计：纳尔逊·伯德· 沃尔茨景观设计事务所

United Airlines Flight 93 was one of the four planes hijacked during the September 11, 2001, attacks in the United States. It was on this flight that 40 passengers and crew members courageously gave their lives to thwart a planned attack on the Nation's Capital. Tragically, the plane crashed in Western Pennsylvania with no survivors.

To honor these heroes, Congress passed the Flight 93 National Memorial Act in 2002 and launched a two-stage, international design competition in 2005. A Jury of planners, landscape architects, architects, designers, government representatives, family members and community representatives chose Paul and Milena Murdoch's proposal, which treated the 8,903,084 m^2 former coalmine as a memorialized national park where visitors embark on a sequence of experiences that leads them towards the crash site of Flight 93.

1 PARK ENTRANCE
2 TOWER OF VOICES
3 VISITOR CENTER
4 FLIGHT PATH AXIS
5 CRASH SITE
6 MEMORIAL PLAZA
7 FIELD OF HONOR
8 PERIMETER VIEWSHED
9 WETLANDS
10 ALLEE
11 MEMORIAL GROVES
12 WESTERN OVERLOOK

N

100 FT. 500 FT. 1500 FT.

SITE PLAN
FLIGHT 93 NATIONAL MEMORIAL
PAUL MURDOCH ARCHITEC

平

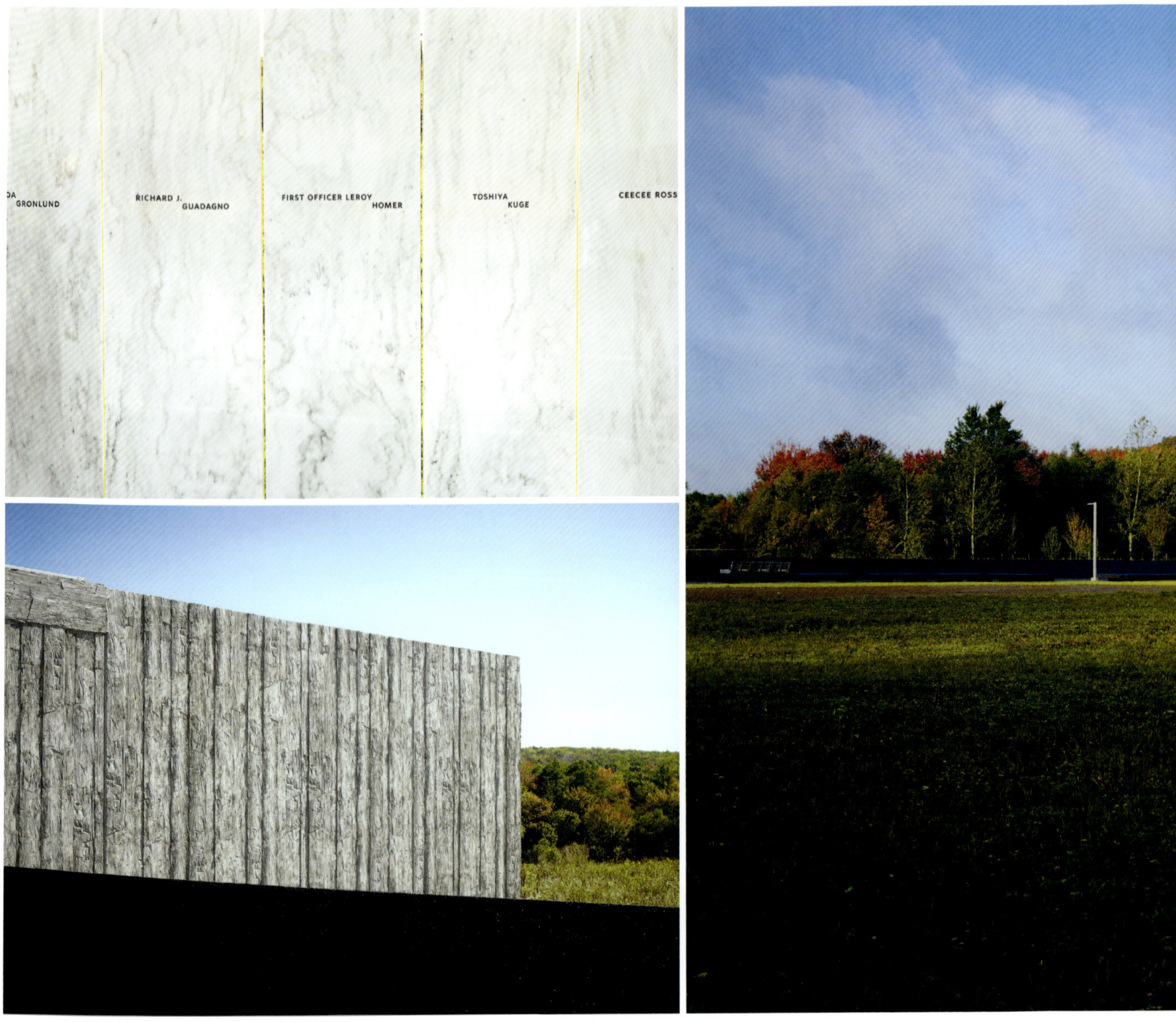

DA
GRONLUND
RICHARD J.
GUADAGNO
FIRST OFFICER LEROY
HOMER
TOSHIYA
KUGE
CEECEE ROSS

In the first stage of the competition, Paul Murdoch Architects presented a master plan with key memorial features, such as a the "Tower of Voices" featuring 40 wind chimes, a large curving landform with memorial trees framing the "field of honor" and integrating memorial walls that frame the flight path and enclose a visitor center, and a memorial plaza along the edge of the crash site that leads to a ceremonial gate. In the second stage, Nelson Byrd Woltz Landscape Architects was invited to join the team, along with a team of consultants, to further develop the design. Following selection, the National Park Service became the administrator of the design process through a contract with Paul Murdoch Architects.

The park, formally a coalmine, transforms the site into a designed memorial landscape that enhances the qualities and physical features of the site for its expressive power. Once a hallowed ground surrounding a former strip mine is now transformed into a native meadow and a "field of honor". Additionally, the existing wetlands will become part of an extensive storm water mitigation system that restores the health of the land, reflecting the growth and healing possible for those who visit the memorial.

This large scale master plan will be implemented over several phases. The first phase was completed on September 11, 2011. It includes the entry road, re-grading of the large field of honor, and the construction of the memorial features adjacent to the crash site that includes the Wall of Names – forty inscribed white marble panels inscribed with each heroes name lined along a black granite walkway.

At the dedication, government and family representatives paid tribute to the 40 heroes and pledged to complete the memorial. Former President Bill Clinton publicly committed to join Speaker of the House John Boehner in raising the rest of the funds through a bipartisan effort. Funding for the $60 million project comes from Federal, State of Pennsylvania and private sources. To date, nearly $50 million has been raised to purchase the land, build the first phase of construction and begin future phases of work.

联合航空93号航班，是2001年9月11日恐怖分子攻击美国劫持的四架飞机之一。在这架飞机上，40名乘客和机组人员，用他们的生命勇敢地挫败了恐怖分子袭击首都纽约的计划。令人感到悲痛的是，飞机在宾夕法尼亚西部坠毁了，无人生还。

为了纪念这些遇难的英雄们，2002年美国国会通过了《93号航班国家纪念法案》，并于2005年发起了为期两个阶段的国际设计竞赛。评审委员会由规划师、景观设计师、建筑设计师、设计师、政府代表、遇难者家庭成员和社区代表组成，最终选择了保罗·默多克建筑设计事务所的设计方案。根据这个方案，原先8 903 084平方米的矿区，将被改造成一个纪念性的国家公园。在这个公园中，游客穿过一系列不同的景观，最终被引至93号航班失事场地。

设计竞赛的第一阶段，保罗·默多克建筑设计事务所提出了一个总体规划方案。在这个方案中，包含一些关键性的纪念要素，比如带有40个风铃的“声塔”、用纪念性树木把“荣誉之野”包围起来的大型曲线平台、纪念性墙体围封所形成的跑道和游客中心、位于飞机失事场地边缘通向纪念大门的纪念广场等。在第二阶段，又邀请了纳尔逊·伯德·沃尔茨景观设计事务所和一个顾问团队，对设计方案进行进一步的修改讨论。通过与保罗·默多克建筑设计事务所的接洽，国家公园管理处成为了设计组织管理方。

这个公园，原先是一处采矿区，经过设计，变成一处纪念性景观之后，场地的总体质量和地块特征的强大的表现力得到巨大提升。原先的条形矿区及其周围的土地，现在被改造成了天然草坪和“荣誉之野”。另外，原来的湿地成为降水阻滞系统的组成部分，使土地得以恢复生命力，好像是在提醒前来参观的游客：伤口能够治愈，你们还要健康地生活。

大型总体规划方案需要分几个阶段来实施。第一阶段已经于2011年9月11日完成。主要内容包括入口道路、“荣誉之野”的修整，以及靠近失事现场的纪念性景观的建设等。这些纪念性景观其中包括一道姓名墙，沿着黑色的花岗岩道路，40位英雄的名字被雕刻在白色大理石板上。

在祭奠活动期间，政府部门和其家庭成员代表向这40位英雄慷慨捐献，决定建成这个纪念公园。前总统比尔·克林顿公开承诺，加入白宫发言人约翰·博纳的筹款运动之中，通过两党的共同努力，筹集剩余的资金。项目所需的60 000 000美元资金，分别来自联邦政府、宾夕法尼亚州政府和私人捐献。到目前为止，筹集到的资金已经接近50 000 000美元。这些资金主要用于购买土地、开始第一阶段的建设，以及筹划下一阶段的工作。

LORRAINE G.
BAY

George George Memorial Park
乔治·乔治纪念公园

Location: Michigan, USA
Landscape Design: Great Oaks Landscape
Area: 121,406 m^2

地点：美国，密歇根州
景观设计：大橡树景观设计公司
面积：121 406 平方米

George George Memorial Park is a 121,406 m^2 community park located in Clinton Township, Michigan. The park, which was previously part of Moravian Golf Course, was donated to the City of Clinton Township by Jim George in honor of his late father, George George, in 2008.

Although the park's existing architecture was traditional, we integrated specific elements and materials in the focal point's design in order to create an oasis with a more contemporary feel.

We selected rough black granite pavers for the expansive pathway. This textured directional path leads visitors to a serene seating area that highlights the use of exposed aggregate and geometric saw cut lines. The seating area overlooks a striking water feature that boasts a salt-and-pepper limestone infinity-edge fountain. The limestone's vertical grooves complement the water's natural course as it cascades into the lower basin. The impressive scale of the natural boulders, which we placed within the water feature to serve as a transition to the plaza and garden areas, accentuates the raw, organic materials of the space.

MORIAL PARK

乔治·乔治纪念公园，是一个社区公园，位于密歇根州克林顿镇（Clinton Township），面积121 406平方米。这个公园，原来是摩拉维亚高尔夫球场（Moravian Golf Course）的一部分。为了纪念已故的父亲乔治·乔治，2008年吉姆·乔治把它捐赠给了克林顿镇。

公园中原有的建筑都是传统式建筑。在新提出的关键点设计方案中，建筑设计师通过一些特殊要素和材料的应用，为公众创造出一片更具现代感的绿洲。

宽敞的道路，采用黑色粗面花岗岩铺筑。这些带有方向性的道路，把游客引至安静的座椅区，强调野外聚会使用功能和几何切割效果。座椅区俯瞰着激动人心的水景——精密交织的石灰岩无边界喷泉。石灰岩的垂直纹理与水的自然特征相配合，使水流呈阶梯式瀑布流入下面的集水池中。水景中放置的天然块石，让人印象深刻，在通往广场和花园的方向上，起到一种过渡作用，突出空间中所使用的天然的、有机的材料。

HENRY C. BECK, JR. PARK
小亨利贝克公园

Location: Dallas, Texas, USA
Landscape Design: MESA
Landscape Designer: Spindrift Al Swaidi

地点：美国，德克萨斯州，达拉斯市
景观设计：迈萨景观设计事务所
景观设计师：施宾里弗特 · 阿里 · 施瓦蒂

The Henry C. Beck, Jr. Park, built in 2004, is a vest-pocket, infill park. It is a private project for public use in the tradition of Zion and Breen's Paley Park in its size and intimacy. This park is a retrofit to the 1965 modern, white, marble-clad building and is a tribute to Henry C. Beck, Jr., one of Dallas' great and innovative contractors of the 1960's. Bush-hammered concrete, found in Beck Park, is an example of his contribution to the building world.

The placement of the park is significant as a link between two sections of downtown Dallas: the developing Arts District and the business section. It responds to its neighbors, the Edward Larabee Barnes/Dan Kiley Dallas Museum of Art and a more traditional luxury hotel. It adds vitality to major thoroughfares at its edges and also serves as a foyer to the building property and the individual building tenants at the ground level and first floor. The building has developed a "coolness" factor since it houses the Fashion Industry Gallery, a hip and well-heeled restaurant, and the highly-respected Beck Construction Firm. The sloped site was an asset since it allowed the landscape architect to respond to each level intimately: intrigue at the edges, calm in the center, and action from the upper-level building views. Henry C. Beck, Jr. Park successfully, simultaneously, and safely provides relaxation, play, sound, shade, a meeting spot, a runway, and a free space to enjoy lunch.

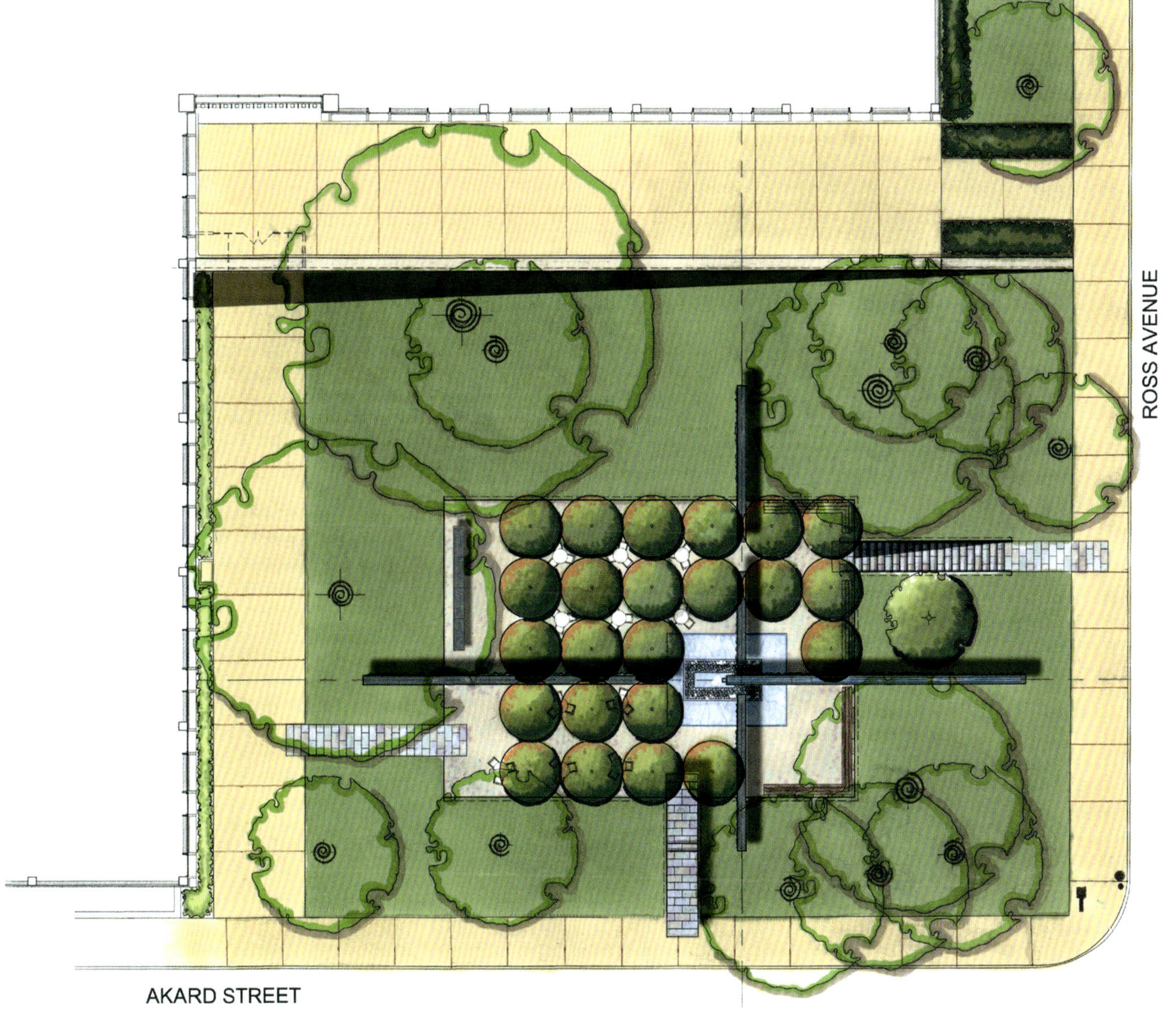

Holistically, the park is beautifully uncluttered, and in its detailing, "Beck Park" is a fine tribute to Mr. Beck who successfully and consistently integrated the industrial and the aesthetic. The execution of the concrete work, overseen by the landscape architect, architect and structural engineer, is perfectly smooth, crisp and tight at its own joints and at the connections to other materials. There are actually very few materials used in the park and these include water; concrete with a smooth and bush-hammered finish; Pennsylvania bluestone, both slabs and crushed; aggregate; bronze at the railings; and simple integrated wood seats. The plant choices and placement are also intentionally spare and specific: turf at the sloped lawns under the existing large Live Oaks; English Ivy at the base of walls; and an incredible mass of October Glory Maples concentrated at the interior court. The Maples benefit from a sub and surface drainage system, and the aggregate surface allows a free exchange of water and oxygen to the root zone. Moveable café tables, chairs and trashcans are placed outside each morning.

The Dallas citizenry are benefiting from the philanthropy of its private business owners. The Beck family, intending a tribute to the great works of their father, has generously given an island in the growing archipelago of a much needed downtown Dallas park system.

小亨利贝克公园（The Henry C. Beck, Jr. Park）建于2004年，是一个小型的、填充式公园。这是一个服务于公众的私人项目。在体量和亲密性设计方面，参照了Zion and Breen事务所设计的帕雷公园（Paley Park）的方案。该项目主要是为了对1965建造的现代的、白色大理石面的建筑进行翻新改造。同时，又是对小亨利·贝克（The Henry C. Beck, Jr.）的一种纪念。小亨利·贝克，是20世纪60年代达拉斯伟大的、具有创新性的建筑工程承包人。在公园中所看到的凿毛混凝土，就是他对建筑工程界所做出的贡献之一。

公园的位置很重要，它把达拉斯市中心城区的两部分连接起来，一是正在开发建设的艺术区，二是商业区。邻近的爱德华·拉罗比·巴恩斯/丹·凯利达拉斯博物馆（Edward Larabee Barnes/Dan Kiley Dallas Museum of Art），以及一家更为传统的豪华宾馆与其相呼应。公园的建立，为街道增添了活力。同时，又可以将其看作建筑的前厅，为居住在一层和二层的住户，提供了开敞的视野。建筑设计看起来很“酷”，里面有时尚艺术馆（Fashion Industry Gallery）、高端时尚的餐馆，以及很受人尊重的贝克建筑公司（Beck Construction Firm）。坡面场地为景观设计师带来了便利，可以为每层进行不同的设计。边缘地带，能够激起人们的好奇心；中心地带安静宜人；从建筑的上层眺望，整个公园具有动感。公园成功地为游客提供了各种活动，包括休息放松、运动、聆听、纳凉、聚会、跑步，以及享受用餐时的自由空间等。这些活动可以同时进行，并且很安全。

整体上看，公园漂亮、整洁。在细部处理上，处处体现出对贝克先生的纪念情结。贝克先生一生坚持把建筑工程与艺术结合起来，并且取得了成功。景观设计师、建筑和结构工程师将通常所忽略的混凝土构件，处理得光滑整洁、完美漂亮。构件内部以及与其他材料的连接，严实紧密。实际上，包括水体在内，公园中所使用的材料种类很少。混凝土构件既有光滑的表面，也有表面经过凿毛处理的。选用了宾夕法尼亚青石，既有石板，又有碎石，还有填充料。栏杆采用青铜制作，一体式木制座椅简单又美观。植物的选择与种植，既体现了节俭又富有特性。原来高大的美洲栎（Live Oaks）下覆以倾斜的草坪予以保留。墙脚处种植了英国长春藤。内庭院集中种植美国红枫“十月金”（October Glory Maples），非常壮观。枫树可以从底层及表面排水系统中吸收水分，表面填充料使根系区的水分和氧气能够自由交换。每天早晨在外面放置可移动的咖啡桌、座椅和垃圾桶。

达拉斯市民受益于私营企业主的博爱与慈善行为。贝克家族，为了纪念他们的先辈所开创的伟大事业，在达拉斯市急需的公园系统之中，慷慨地建造了一座绿色小岛。

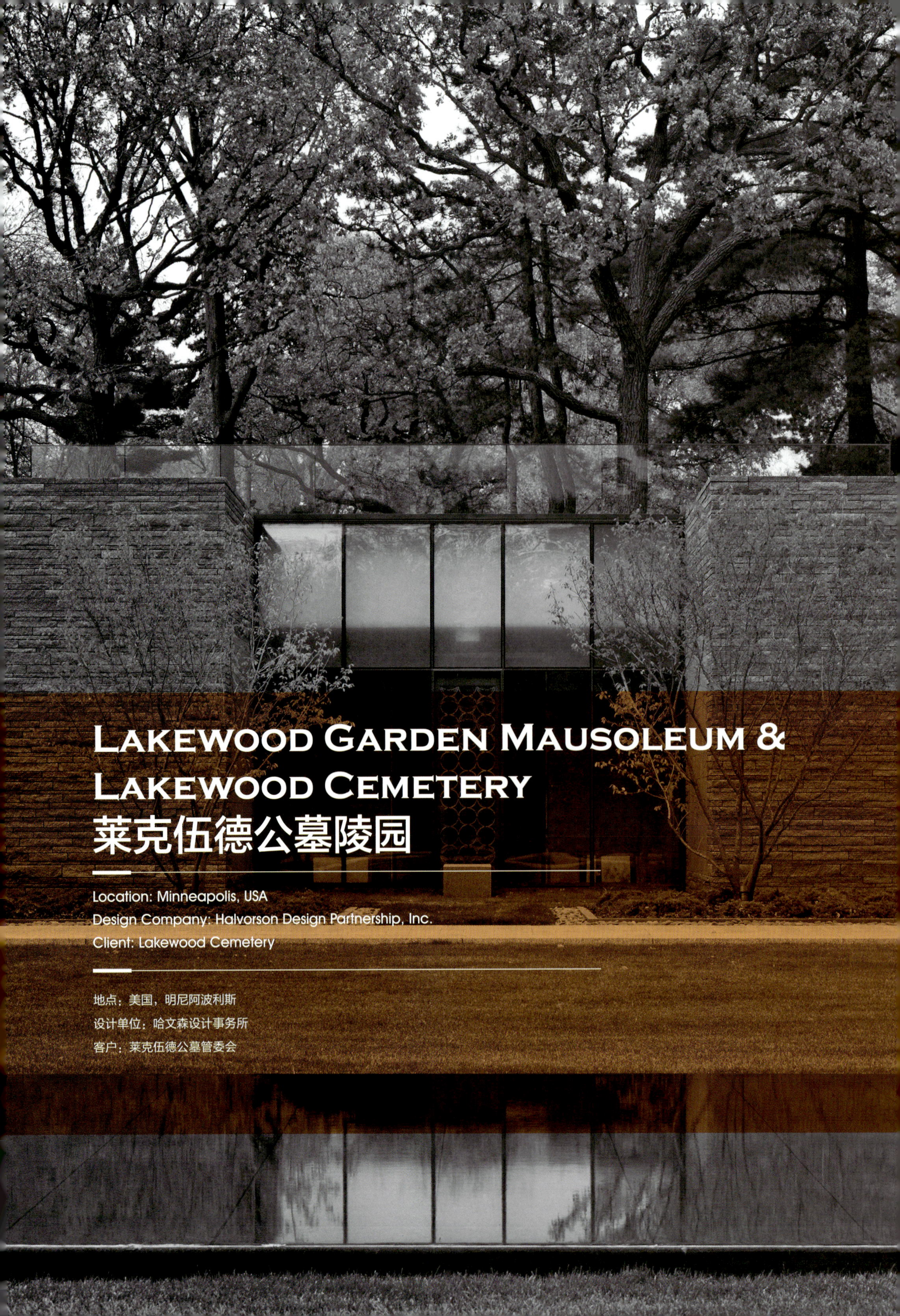

Lakewood Garden Mausoleum & Lakewood Cemetery
莱克伍德公墓陵园

Location: Minneapolis, USA
Design Company: Halvorson Design Partnership, Inc.
Client: Lakewood Cemetery

地点：美国，明尼阿波利斯
设计单位：哈文森设计事务所
客户：莱克伍德公墓管委会

Project Statement

The 142-year-old Lakewood Cemetery faced a challenge: how to create a commemorative 21st century space within a revered, landmark setting. The Garden Mausoleum project meets this challenge adroitly, sustainably and gracefully. With the landscape enveloping two thirds of the building within a south-facing slope, architecture opens out onto an expansive, peaceful landscape with a quiet reflecting pool, groves of native trees and contemplative alcoves – a distinctly contemporary design in harmony with its historic environment.

Project Narrative

"Refreshing. It functions in a way that isn't necessarily part of our vocabulary. There are different moments in the design."

– 2012 Professional Awards Jury

Lakewood Cemetery, established in 1871, is a quintessential American "Lawn Plan" cemetery, wherein broad sweeps of lawn are punctuated by a few fine stone monuments framed by trees and large serene lakes. This style was pioneered by Cincinnati's Spring Grove Cemetery in the 1850s and Lakewood is the purest surviving example of this classic cemetery type.

Recognizing the value and importance of their landscape, in 2002, the Trustees of Lakewood commissioned a team led by landscape architects to produce a Historic Landscape Report and comprehensive Landscape Master Plan. Their goal was to define the most important features of the cemetery and to guide future management and development. The problem confronting historic cemeteries nation-wide: how to generate continued revenue without impairing the values of their beloved landscapes.

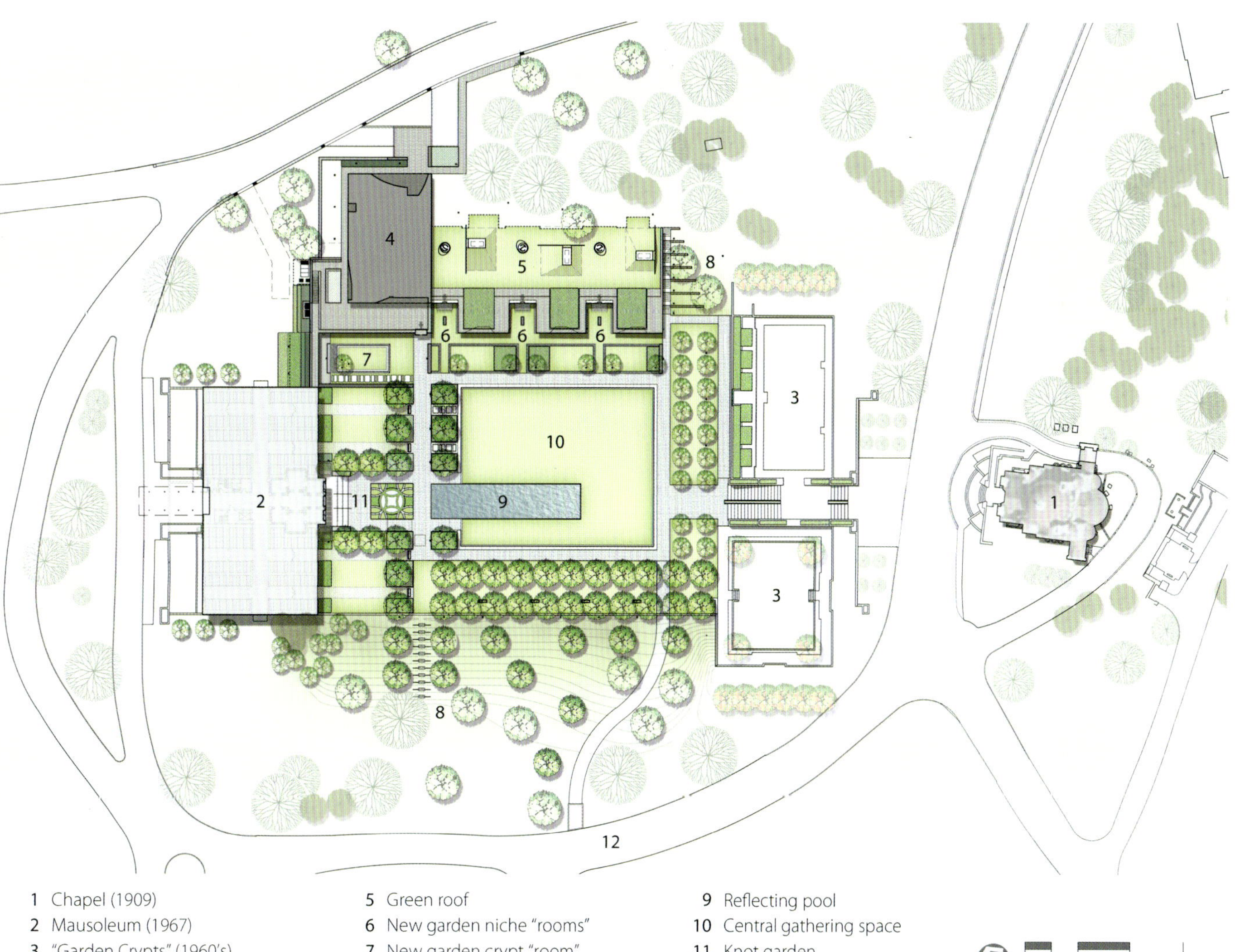

1 Chapel (1909)
2 Mausoleum (1967)
3 "Garden Crypts" (1960's)
4 New Mausoleum + Reception Center
5 Green roof
6 New garden niche "rooms"
7 New garden crypt "room"
8 Terraced lawn steps
9 Reflecting pool
10 Central gathering space
11 Knot garden
12 Service drive

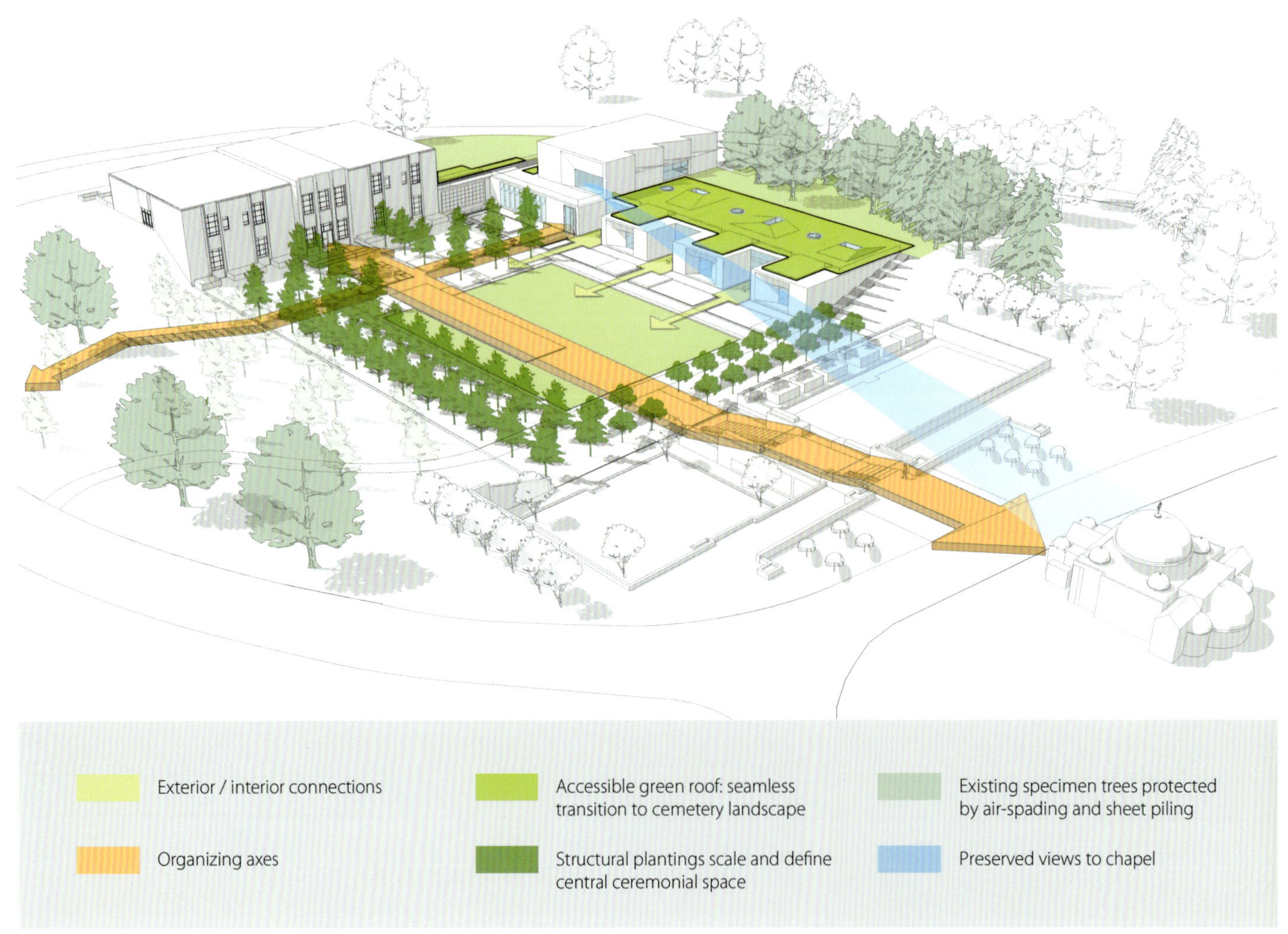

Exterior / interior connections

Organizing axes

Accessible green roof: seamless transition to cemetery landscape

Structural plantings scale and define central ceremonial space

Existing specimen trees protected by air-spading and sheet piling

Preserved views to chapel

This planning effort grew into a on-going relationship with the Garden Mausoleum, the largest of several implementation projects undertaken to date.

Working closely with the client, the landscape architect advised on the selection process for the architect and participated as a design team member from pre-design through completion. The result of this process is a profoundly integrated building and landscape design solution that transformed a deteriorated, "sunken" space, creating a poetic modern landscape offering solace and beauty in a setting rich with meaning.

Site + Context

The site chosen for the new mausoleum was one of the few incongruous features in the Cemetery's landscape. Near the cemetery's entrance, surrounded by groves of majestic mature trees, the site consisted of a large sunken area, which served as the forecourt for a four-story-high mausoleum/ columbarium building from 1967. A massive green space flanked by grassy inclines it was divided down the middle by rows of tall evergreen trees on the axis between the large mausoleum and Lakewood's jewel like Byzantine-style Chapel (1909) at the opposite end. High, monolithic walls made up of "garden crypts" stood on either side of a monumental stairway leading up from the space to the chapel. The area as a whole had limited walking paths and no seating. It did include a "Pool of Reflections," a long rectangular water feature revered by cemetery visitors, but plagued with maintenance issues and when drained for the long Minnesota winters, a less than attractive landscape element.

Program

The master plan called for the sitting of a new mausoleum and reception facility (to meet growing demand for cremation and above ground burial services) with minimal impact on the larger historic cemetery landscape. By creating a new central landscape space that is the unifying feature for the new & existing mausoleums as well as the iconic chapel, the landscape architect solved the problem of incorporating new program space in a seamless manner. Providing an outdoor gathering/event space for large groups on Memorial Day, the new garden landscape – bordered by benches, solemn bosques of maples and hawthorns, and a redesigned, zero edge reflecting pool – also offers a space conducive to quiet contemplation, solace and healing. The principals of sustainable design were employed throughout the project from green roofs, to innovative storm water strategies, to diverted construction waste and extensive native tree plantings. The designers strove to create a project that minimizes its impact on the environment both visually and functionally.

Design Intent

The design seeks to reuse existing cemetery space in a lyrical and compelling manner integrating program with a contemporary aesthetic harmoniously into an important historic landscape. It accomplishes this by carefully defining building development to minimize impact on the larger Cemetery landscape and taking full advantage of a gently sloping portion of the site. The strong geometry of the lower ground plane transitions gradually up the side slopes to the pastoral character of the "Lawn Plan" landscape above. The design establishes a unified relationship between interior and exterior space, heightening the experience of each. A clear hierarchy of spaces was provided, highlighting a large central gathering space while offering secondary spaces for contemplation. Asymmetrically placed, the zero edge reflection pool responds to import axial relationships among the built elements of this landscape while creating a dynamic visual center to the space. Strengthening the edges, groves of shade trees partially screen views of the 1967 Mausoleum façade. Low ornamental flowering trees preserve views to the iconic Chapel, while at the same time create a beautiful, soft edge that ameliorates the impact of the eastern garden crypt walls.

Sustainability

Lakewood Garden Mausoleum seeks to preserve the character of the historic landscape while creating dignified burial and commemoration space for as many as 10,000 people. With so much of the building program tucked into the hillside, considerable open space is conserved and visual impacts on the natural beauty of the surroundings were mitigated. Mature tree cover was preserved through air spading, root pruning and shoring with sheet piling. A new accessible green roof extends the open lawn of the surrounding cemetery with traditional benefits of carbon reduction, reduced cooling loads, generation of oxygen, heat-island reduction, and maximizing runoff infiltration. The building is oriented east-west to maximize solar exposure.

Innovative storm water strategies were implemented maximizing on-site infiltration. No impermeable parking areas were created as a result of this development reducing storm runoff volume and rates. All parking is accommodated on existing surrounding cemetery roads. An on-site well was preserved reducing potable water use for irrigation. Numerous large trees and shrub/groundcover areas were planted to increase shade thereby reducing loss of water due to transpiration and evapotranspiration, improving water use efficiency.

Locally-sourced granite with high albedo properties was used for the majority of landscape uses and on all paths in the lower garden. Site lighting was minimized to reduce light pollution.

Significance

The Lakewood Garden Mausoleum landscape is significant as a contemporary design expression in a historic setting conducive to quiet, respectful reflection providing for fundamental human need with dignity and grace.

项目陈述

拥有142年历史的莱克伍德公墓（Lakewood Cemetery）面临新的挑战：如何在肃静的、地标式的环境之中，创造出一处属于21世纪的纪念空间。该项目巧妙地完成了这种挑战，幽雅别致，并且具有可持续性。在一块南向坡地上，建外围筑的2/3为景观所包围。在这种条件下，设计师创造了一处开阔的、安静的景观——宁静的倒影池、当地树种组成的小树林，以及用于沉思追忆的壁龛，不愧是与历史性环境完美融合的杰出的现代设计。

项目背景

"耳目一新，功能卓越，不必用言语表达。杰出的现代景观设计。"

——2012年专业奖评选委员会

莱克伍德公墓始建于1871年，是美国典型的"草坪规划"公墓。大面积开阔的草坪，数量不多、制作精美的石碑点缀其间，高大的树木以及宽广平静的湖面形成框景。19世纪50年代的辛辛那提春林陵墓(Cincinnati's Spring Grove Cemetery)，最早采用了这种风格。在这种古典类型的公墓当中，莱克伍德公墓是迄今为止保留下来的最具代表性的一个。

2002年，莱克伍德公墓管委会，认识到这片公墓景观的价值和重要性，委托一个由景观设计师领导的设计团队进行调研，提交了历史性景观报告和总体景观规划方案。目的是为了确定墓地中那些最主要的景观特征，对未来的管理和开发进行指导。全国范围内历史性墓地所面临的主要问题是：如何创造持续不断的收益，而又不破坏人们所喜爱的景观价值。

这些努力最终导致了花园陵园项目的设立和实施，这是迄今为止得以实施的最大项目。

景观设计师与客户进行密切合作，在建筑设计师的选择方面提供了相关的意见和建议，并且作为设计团队的成员，从头至尾参与了整个过程。通过这种方式，建筑设计与景观设计得以深入融合，把一块正在衰退的、"下沉"的景观，改造成了富有诗情画意的现代景观，在一个寓意丰富的环境之中，为人们提供慰籍和美的享受。

场地+环境

新陵园所在场地，对于陵墓景观来说，有些特征和要素很不协调。在陵园入口附近，有一片由高大的成年树木组成的树林，场地中还有一片大面积的下沉区域，作为陵园大楼/骨灰安置处的前庭。该陵园大楼／骨灰安置处建于1967年，高4层。大面积的宽敞的草坪两侧是斜坡草地。在陵园大楼与对面终点处的莱克伍德珠宝大楼之间的中轴线上，一排高大的常绿树木从中间把草坪分隔开来。莱克伍德珠宝大楼是一座拜占庭式的建筑，建于1909年。纪念台阶两侧，耸立着由"花园式地下墓室"组成的高大的巨石墙体，一直通往小教堂。总体上说，步行道路很少，没有坐凳。场地中有一个"倒影池"，是一个很长的长方形的水池，很受墓地来访者的喜爱。但是，在维护管理上总是带来许多麻烦。在明尼苏达漫长的冬季，池水干涸的时候，就成为一个很不受欢迎的景观要素。

规划

根据总体规划，需要建设一个新陵区并配置接待服务设施，以满足日益增长的火葬和地面埋葬需求，同时，将对历史性景观的影响降低到最小。根据这一要求，设计师开辟了一处中央景观空间，把新建陵区、原有的陵区以及标志性的小教堂联系在一起，较好地解决了这一问题，使新陵区与原有的陵区实现了无缝衔接。另外，还设立了户外集会空间，在阵亡将士纪念日可以容纳大量的人群。新设计的花园景观，边缘放置坐凳。枫树和山楂树组成的树丛，庄严肃穆。重新设计的、零边界的倒影池，可供来访者静默哀思，获得精神上的抚慰。可持续性设计的一些原则体现在整个项目之中，包括屋顶绿化、创新性的降水管理体系、建筑垃圾的转运以及当地树种的大量采用等。设计师的目标就是要创造出这样一个项目：从视觉和功能上来说，将对环境的影响降低到最小。

设计意图

该设计意图通过对原有墓地空间的重新利用，以一种抒情的、引人入胜的方式，把现代美学理念，引入重要的历史景观之中，实现二者的完美融合。为了做到这一点，对建筑的开发建设进行了精心设计，使它对公墓景观的影响降低到最小。同时，又充分考虑利用场地中坡度舒缓的部分，地势较低的平地的显著的几何形态，逐渐过渡到上面的边坡，与上面田园般的“草坪规划”景观相衔接。通过设计，使内外空间形成一个整体，同时又各有侧重。空间具有明显的层次性，突出大型中央集会空间，同时还有小空间，用于静默哀思。零边界倒影池，采用不对称设计，作为对景观中建成要素之间轴线关系的一种呼应，创造出某种动态视觉中心。通过对边缘进行强化处理，增强树林的遮阴功能，对于1967年建造的骨灰安置大楼立面，起到一定的遮挡作用。低矮的装饰性开花树木，对标志性的小教堂起到保护视线的作用，同时创造出一种漂亮的软化边缘，减轻了对东边花园地下墓室墙壁的不良影响。

可持续性

莱克伍德花园陵园，一方面要寻求对历史性景观特征的保护，另一方面还要为一万多人提供庄严的安息场地和纪念空间。在这个塞满了建设项目的山坡上，大量的开放空间得到了保护，对周边自然美景的影响有所减轻。通过修枝、剪根和板桩支撑，对原有的成年树木进行保护。新设计的、可以接近的绿色屋顶，使周边墓地的开放草坪得以延伸。同时降低了碳排放量，减少冷负荷，产生氧气，降低热岛效应，最大限度地截流地表径流。建筑为东西朝向，太阳照射时间最长。

创新的降水管理系统，使降水原位下渗达到最大。停车区为可渗透地面，地表径流量和流速大为下降。所有停车场都设置在原有墓地道路周边。场地中原有的水井保留了下来，减少了灌溉用水量。种植了大量的高大乔木、灌木和地被植物，遮阴面积大为增加，因蒸发蒸腾而引起的水分流失大为下降，水分利用的有效性得到改善。

大部分景观以及花园道路上所使用的石材，都是具有高反照性能的来源于当地的花岗岩。将场地照明的能量消耗降低到最小程度，以减少光污染。

重要性

莱克伍德花园陵园景观，是在极具历史感的环境条件下所设计创造的当代景观，意义重大。它利于人们进入一种安静、平和的状态，满足了人们对高尚和善良的基本需求。

MEMORIAL OF ALPINI
雷尼纪念碑

Location: Italy
Architects: Paolo Didonè, Devvy Comacchio

地点：意大利
建筑师：保罗·迪多耐，戴卫·科马基奥

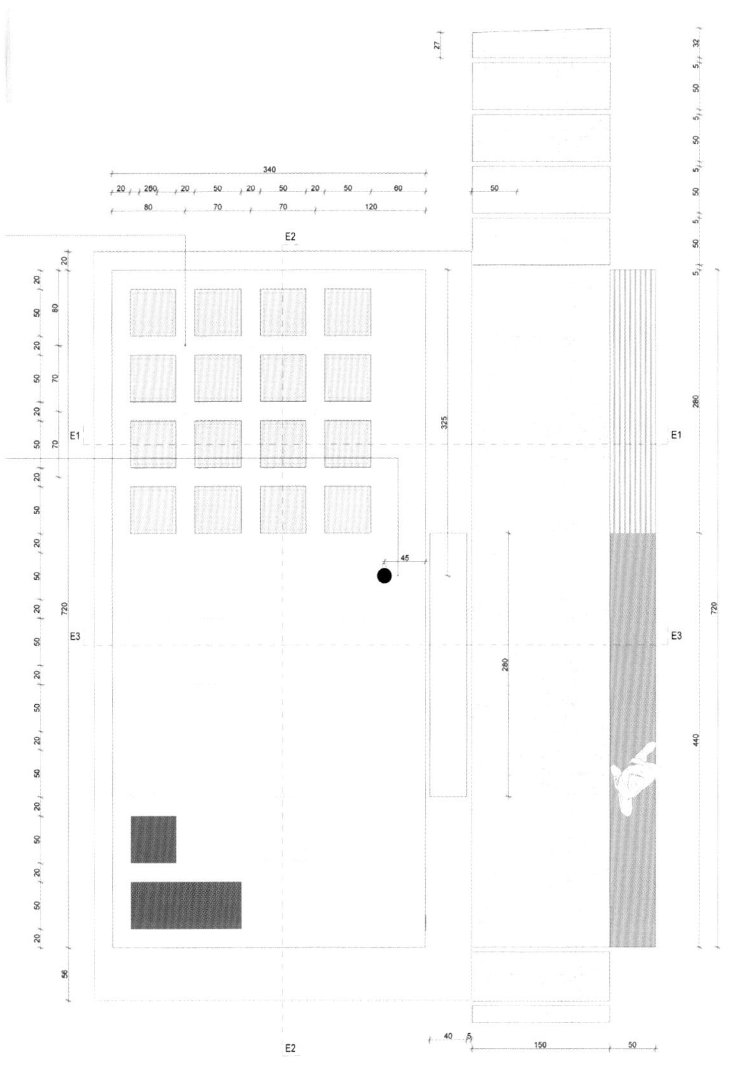

A Map

A map is a whole of symbols recalling territorial concepts. The project is this as well: a map where takes place an abstract analysis of our territory and the bond established between mountains and human beings during particular circumstances.

A Platform

The strength of our bonds is our base. A map of life. The concepts of belonging, the interweaves and the relations that define a life. It's fragility, the solidity and unpredictability of how everything could end.

The Voids

The departure, the abandon of home to fulfill a sacrifice. A map of abandon. Every void is a goodbye due to circumstances beyond our control. Voids left by lost lives. Voids that cannot be filled and that live in the memory.

The Stems

Their sacrifice changes the meaning and the perception of nature. A map of sacrifice. The voids – the alpini that left our territory – become part of the mountain, which is not just a physical entity anymore, but it turns out to be a union between nature and spirit. The greatness of these mounts is not due just to a mere natural factor but to the blending of Nature and Human Beings instead. The voids gain their new identity blending in with the place and giving it a new meaning.

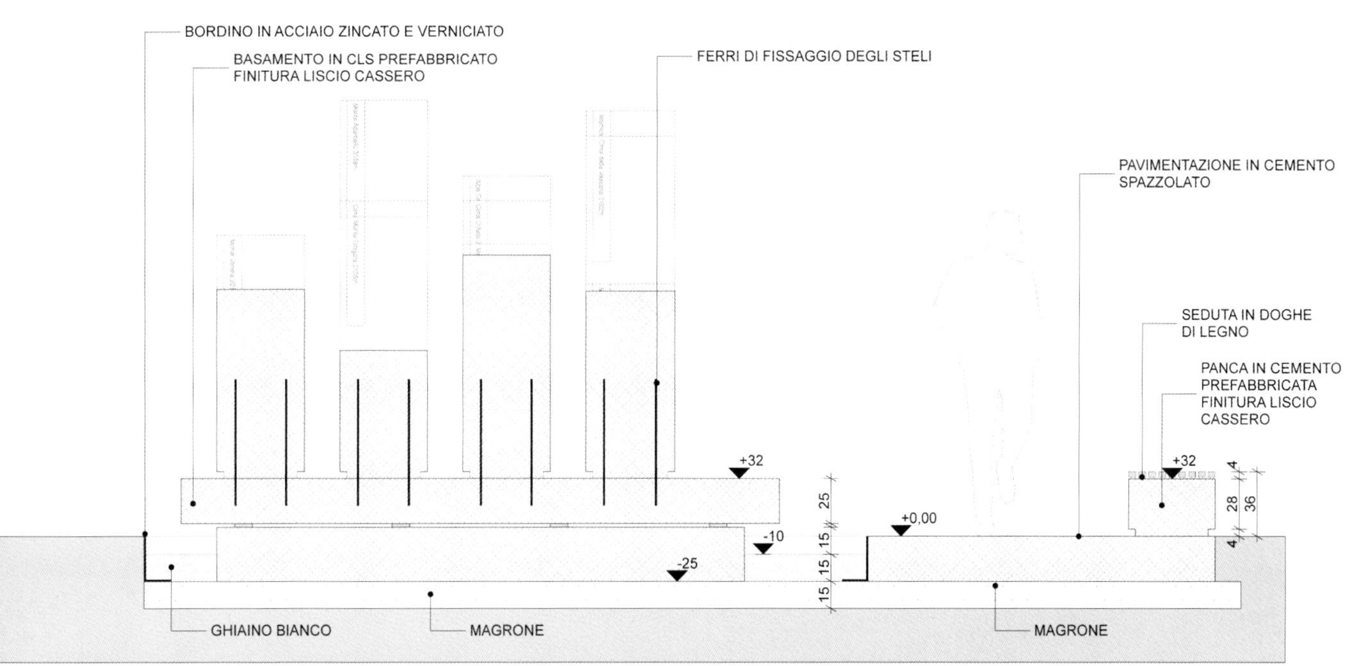

地图

这不禁让人联想起领土。这个项目就是这样：地图激起人们对领土以及特殊情况下山岳与人类之间所建立起的某种关系的抽象分析。

平台

平台，团结力量之基石，生命之地图。归属感的理念，定义生命之间的交织与关系。生命是脆弱的，又是坚强的，世间万物不可预测。

空白

空间，寓意着出发点，放弃家庭去实现某种理想。舍弃的地图，每一块空白都是某种超越控制力的再见。生命的丧失留下一段空白。空白无法填充，只能存留在记忆之中。

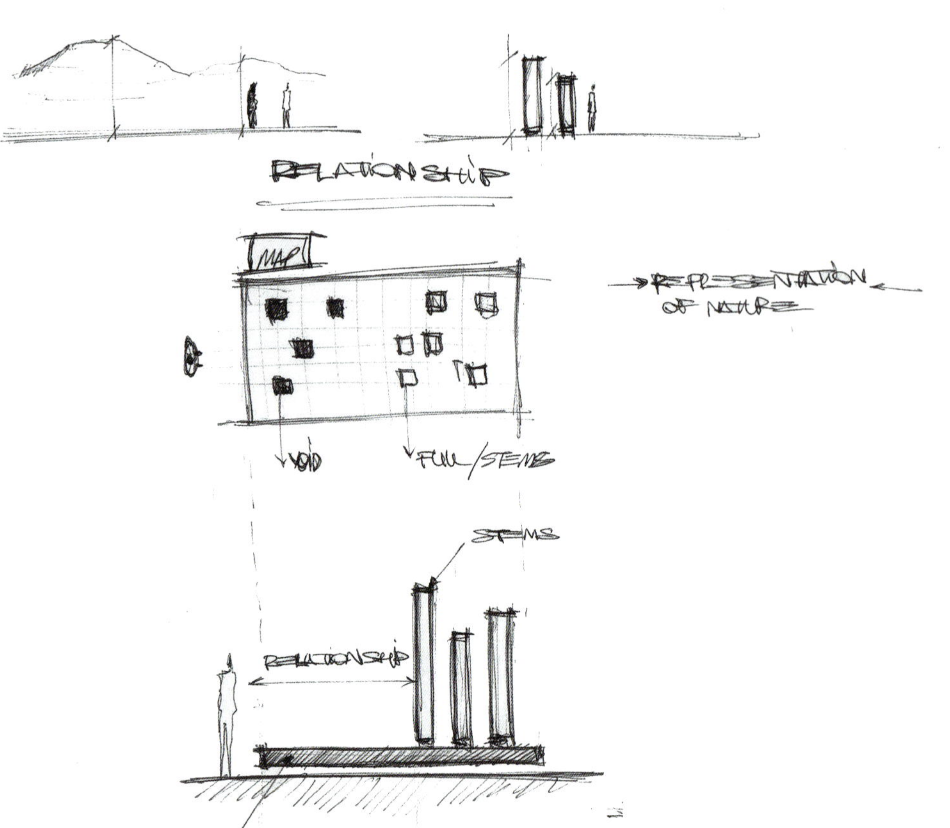

躯干

他们的牺牲改变了人们对自然的理解与感悟。空白即雷尼离开了我们的领土，成为高山的一部分，不再仅仅是一具躯体，而是成为自然与灵魂的结合体。山的伟大不仅仅在于其纯粹的自然因素，更重要的是在于自然与人的融合。空白与场地相结合，创造出新的标识，拥有了新的意义。

Cima
Monte
1872 Fondazione

1872 Fondazione Corpo Alpini

MEMORIAL TO VICTIMS OF VIOLENCE
暴力袭击受害者纪念公园

Location: Mexico City, Mexico
Design Company: Gaeta-Springall Arquitectos
Architect in Charge: Julio Gaeta, Luby Springall, Ricardo López
Area: 15,000 m^2

地点：墨西哥，墨西哥城
设计单位：Gaeta-Springall Arquitectos
总设计师：朱利奥·盖塔，卢比·斯普林高，理查多·洛佩斯
面积：15 000 平方米

The site is in Chapultepec, the most important park of Mexico City. This part of the forest belongs to the Federal Government and was under the custody of the Ministry of Defense of Mexico for many decades; so first of all, the Memorial's Project means the recuperation of 15,000 m^2 in terms of public space.

A memorial is the architectural piece in which we can find the remembrance and the memory of the culture and history; in the particular case of the Memorial to the Victims of the Violence in Mexico, we materialize, in terms of architecture, one of the most important and current issues to Mexican society: violence. This is the big and open wound; in response to this, we propose an open project in the site, open to the city and open to the appropriation by the citizens; a project with a strong relationship with the city and her actors. The recuperation of the public space as well as the remembrance of the victims of violence are the essence of the project.

Our project plays the double condition of public space and memorial.

The first premise was to recognize the vocation of the site as a forest; with a very strong presence of nature; the trees are there and they characterize the site.

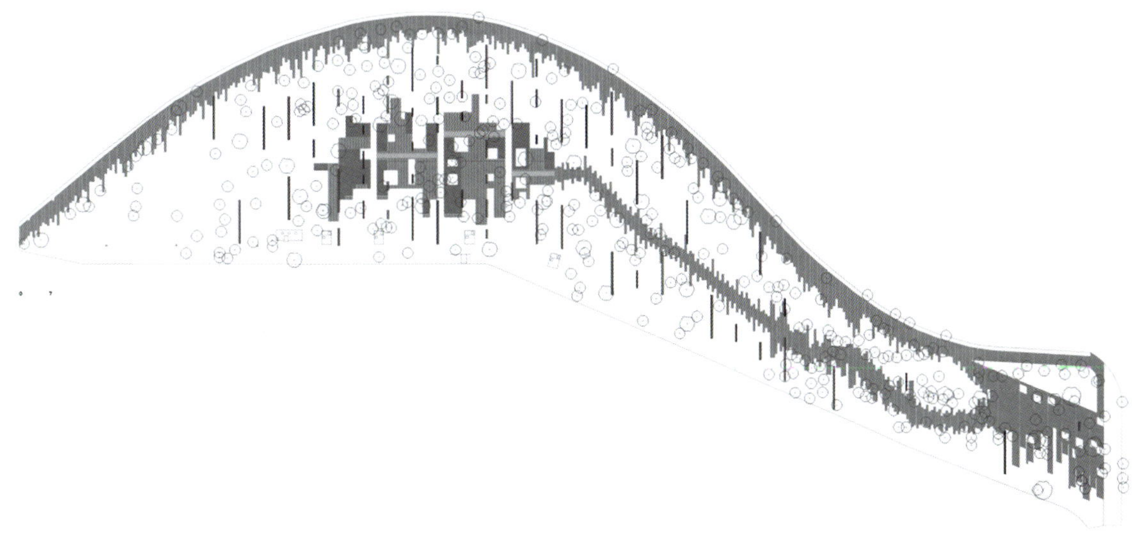

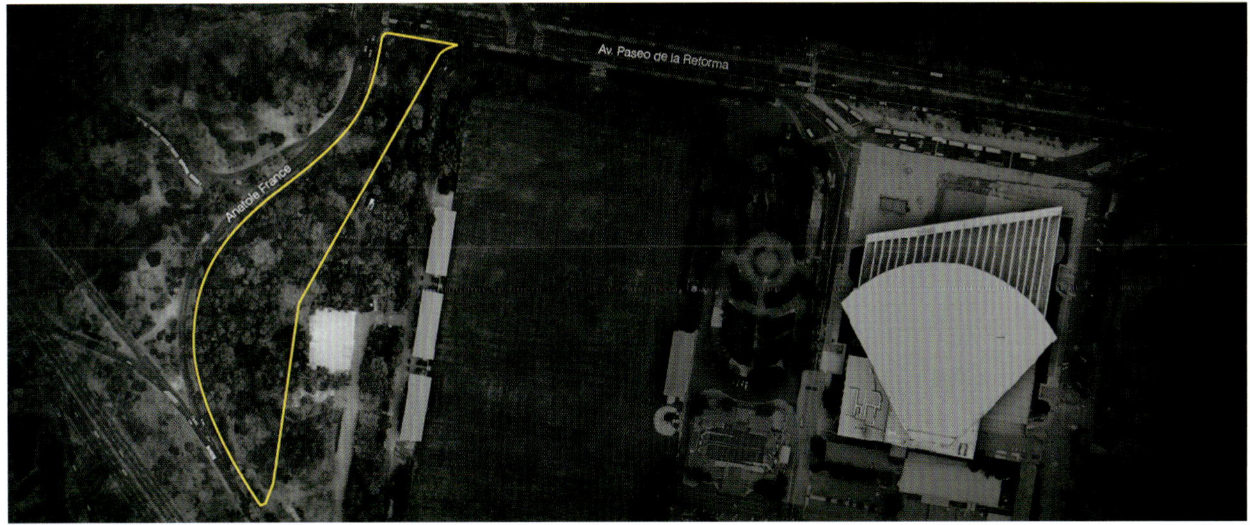

The violence is suggested in two dimensions: the void and the built.

The void proposed in the project is the space created between the steel walls and the trees. This void or empty space could remind us the concept of the no–presences and absences of the people to remember, and the surfaces of the steel walls, rusty or mirroring, show that we can lose ourselves, add ourselves, or multiply ourselves.

Besides that, if we think of violence as destruction, the construction of seventy steel walls plays as the great antidote against the violence.

The big projectual action consists on building seventy metallic walls in corten steel rising between the trees; it is a dual play between nature and architecture: the forest of trees and the forest of walls. The society of the trees and the visitors play the living beings; the society of the walls play the unmateriality of the memories of the victims.

The list of materials is reduced: steel and concrete, added to the natural elements of the forest. We are using the corten steel in three ways: natural, rusty or stainless mirroring, each of them with different meanings. The rusty steel means the marks and scars that time makes in our lifetime. The stainless mirroring steel is used to reflect and multiply the living: persons, trees, and the water of the central space; and the natural steel is used as an unperturbed element that remind us the main and essential values that societies must keep to live in peace. Concrete is used for the lanes and the benches; for walking and reflection.

In the central space, which is the main space of the Memorial, there is a 1,200 m^2 fountain with an undetermined form and open geometry, to remind us that the violence issue is still opened. The fountain is covered with a grid so that the visitor can walk over the water. Water means life; water cleans, and water heals.

Uno a uno, todos somos
mortales; juntos, somos
eternos.
Apuleyo

In this area the steel walls rise stronger and taller, creating the strongest drama in the whole place. The reflection in the water of trees and walls make our eyes go up and down. When they go up, they see the sky, the light, the sun, the hope.

Finally, one of the most important parts of the project is the humanization and appropriation of the steel walls. The seventy metallic walls are spaces for people to write the name of their victim, and express their pain, anger, and longings. These steel walls play as mirrors and blackboards, and by the writings, being transformed into witnesses of the pain and destruction provoked by the violence of the organized crime.

该纪念公园位于查普尔特佩克公园(Chapultepec)，是墨西哥城最重要的公园。这片森林属于联邦政府，数十年来一直在墨西哥国防部的管理之下。这个纪念性项目最重要的是，要对15 000平方米的公共空间进行修补恢复。

纪念公园是一件建筑作品，通过它，实现对文化和历史的纪念与回忆。在墨西哥暴力袭击受害者纪念公园这个特殊项目中，就是要把墨西哥当前社会所面临的最重要的问题之一——暴力，通过建筑要素表达出来。暴力是一种巨大的公众性伤害。为了反映这一点，在这块场地上，设计了一个开放性的项目，向整座城市和市民开放。在城市与市民之间建立起某种密切的联系。项目的基本思想，就是要对公共空间进行恢复，纪念暴力受害者。

这个项目肩负着打造公共空间和纪念性空间的双重任务。

首先就是对这个场地进行评判，看它是否适合于森林的存在。这块场地带有很鲜明的自然特征，有许多树木，它们就是这块场地的典型特征。

这个项目从两个方面表现暴力：一是空白区，二是建成区。

que no puede tolerar en su
patria un poder que pretende
superior a las leyes

空白区是钢制墙体与森林之间所形成的空间。空白区或空地，提醒人们在这里不需要纪念与回忆。钢制墙体表面或锈迹斑斑，或像镜子一样光滑，表明我们可以失去生命，可以长久地活下去，或者可以繁衍。

除此之外，假如把暴力看成是一种破坏，那么，70道钢制墙体的建设，就是对暴力的强有力的反抗。

在树木之间，用耐候特种钢建造了70道金属墙体，这是一项很大的工程。在自然与建筑之间它们扮演着双重角色：由树木组成的森林和由墙体组成的森林。树木群落和游客代表有生命的部分，墙体表达对受害者回忆的非物质部分。

所使用的材料种类得以简化：只有钢和混凝土，被添加到森林的自然要素之中。对耐候特种钢的使用采用了三种方式：原样钢材、生锈钢材和不锈钢镜面钢材。每一种类型都被赋予不同的含义。生锈的钢材代表在我们的生命中，时间所留下的印记和伤痕。不锈钢镜面钢材通过人群、树木以及中央空间中的水体反映丰富多彩的生活。原样钢材表达一种自然、宁静的感觉，提醒人们社会中最重要和最宝贵的东西是和平。混凝土用于小路铺装和坐凳建造上，人们可在其中步行或沉思。

中央空间，也就是这个纪念公园的主空间，设计了一座占地1200平方米的喷泉，采用不确定的、开放的几何造型，提醒人们暴力犯罪依然存在。喷泉用格栅覆盖，游客可以在上面行走。水代表生命，水代表清洗，水代表伤口的愈合。

在这个区域，钢制墙体结实而高大，为整个场地创造出最震撼人心的场景。水中倒映的树木和墙体，引导游客的视线上下跳动。抬起头，会看到天空，看到太阳，看到希望。

最后，这个项目最重要的内容之一就是钢制墙体的人性化和专用化。在这70道金属墙体上，可以写上受害者的姓名，表达自己的悲痛、愤怒和期盼。这些钢制墙体，既是镜子，又是黑板。通过书写，揭示有组织的暴力犯罪活动所造成的伤痛和破坏。

Minnesota Fallen Firefighters Memorial
明尼苏达消防员纪念园

Location: Saint Paul, Minnesota, USA
Design Company: Leo A Daly
Area: 557 m^2

地点：美国，明尼苏达州，圣保罗市
设计单位 : Leo A Daly 国际建筑公司
面积：557 平方米

A new memorial designed pro bono by international architecture/engineering firm Leo A Daly honors the sacrifice of firefighters killed in the line of duty while serving Minnesota communities. Completed in September 2012, the memorial is located on the State Capitol grounds in Saint Paul and houses the Minnesota Firefighters Memorial Statue, previously on display at the Minneapolis-Saint Paul International Airport.

The vision for the memorial is to provide a meaningful experience for Capitol visitors – those with direct connections to the fire service and those who appreciate their efforts. The design of the 557 m² memorial incorporates symbols evocative of the fire service. The ground leading to the memorial slopes upward, presenting visitors with a view of a cast stone wall covered with inscriptions of the 791 fire departments throughout the state. The wall subdivides the site into a landscaped garden and a paved gathering area.

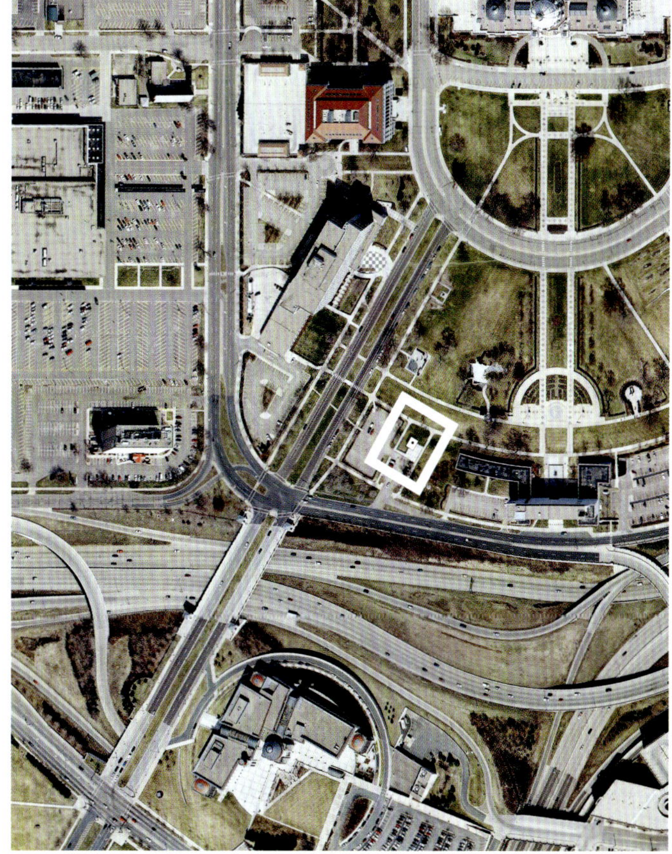

A large monolith forms a ceiling above the statue of a firefighter rescuing a child. Supported by a field of slender columns, it creates a pavilion that intercedes between the monumental scale of the Capitol grounds and the smaller scale of the statue. The pavilion is made of weathering steel plate, which rusts to form a protective coating – a process similar to the oxidation of fire. Names of fallen firefighters are inscribed on sleeves affixed to the columns. Today, 86 columns are part of the grid, recording the years in which Minnesota firefighters have died in the line of duty, and the design allows room for necessary additions. Outside the pavilion, a sculpted cedar bench with a burned finish provides a place for reflection.

为了纪念在消防战斗中牺牲的消防员，明尼苏达州新建了一个消防员纪念公园，由Leo A Daly国际建筑公司无偿设计。纪念公园位于明尼苏达州圣保罗市议会大厦附近，于2012年9月建成投入使用。明尼苏达消防员纪念雕塑，原来位于明尼阿波利斯—圣保罗国际机场，现在也被搬到了这里。

建立这个纪念公园，就是为了让那些来议会大厦的游客，获得某种深刻的、富有意义的体验。这些游客可能与消防事业有直接的联系，或者对消防工作深感敬佩。纪念公园面积达557平方米，包括许多与消防相关的标记和要素。经过一段斜坡，来到纪念碑所在的平台。这里，有一道用铸石围成的墙体，墙面上雕刻着全州791个消防部门的名称。墙体把这个场地又划分成一个景观花园和一个铺装集会区。

消防员纪念雕塑（表现的是消防员正在救助一个儿童）上面的天花板，由一块巨石组成。整块天花板由一组细长的立柱支撑，形成一个亭式结构，在大尺度的议会广场与小尺度的纪念碑和更小尺度的雕塑之间，起到某种协调、缓冲作用。亭子由耐候钢板制成，生锈之后会形成一层保护膜，类似于燃烧氧化过程。牺牲了的消防员的姓名，被雕刻在立柱的套筒上。现在，共有86根立柱，纪录着明尼苏达消防队员在消防战斗中牺牲的年份。另外，还留出了多余的空间，以便以后继续增加。亭子外面，有一个长凳，用雪松木雕刻而成，并覆有火烧状表面，供人们沉思凭吊。

DEDICATED
MINNESOTA CITY
MINNESOTA AIR NATIONAL GUARD
CROIX MORGAN
MAPLE HILL MCKINLEY MONTROSE
MAHTOMEDI MORRIS
MONTICELLO
NORTHEAST SHERBURNE
NORTHLAND NERSTRAND NORTHWEST ANGLE NORTHROP
NORWOOD-YOUNG AMERICA NORTHOME NEW MUNICH
NEW GERMANY OKLEE OAK GROVE ODESSA OSSEO
ONAMIA
ORONOCO
ODIN OSLO OSTRANDER OTTERTAIL OWATONNA
PARK RAPIDS PLYMOUTH PEQUOT LAKES PELICAN RAPIDS
PERHAM PICKWICK

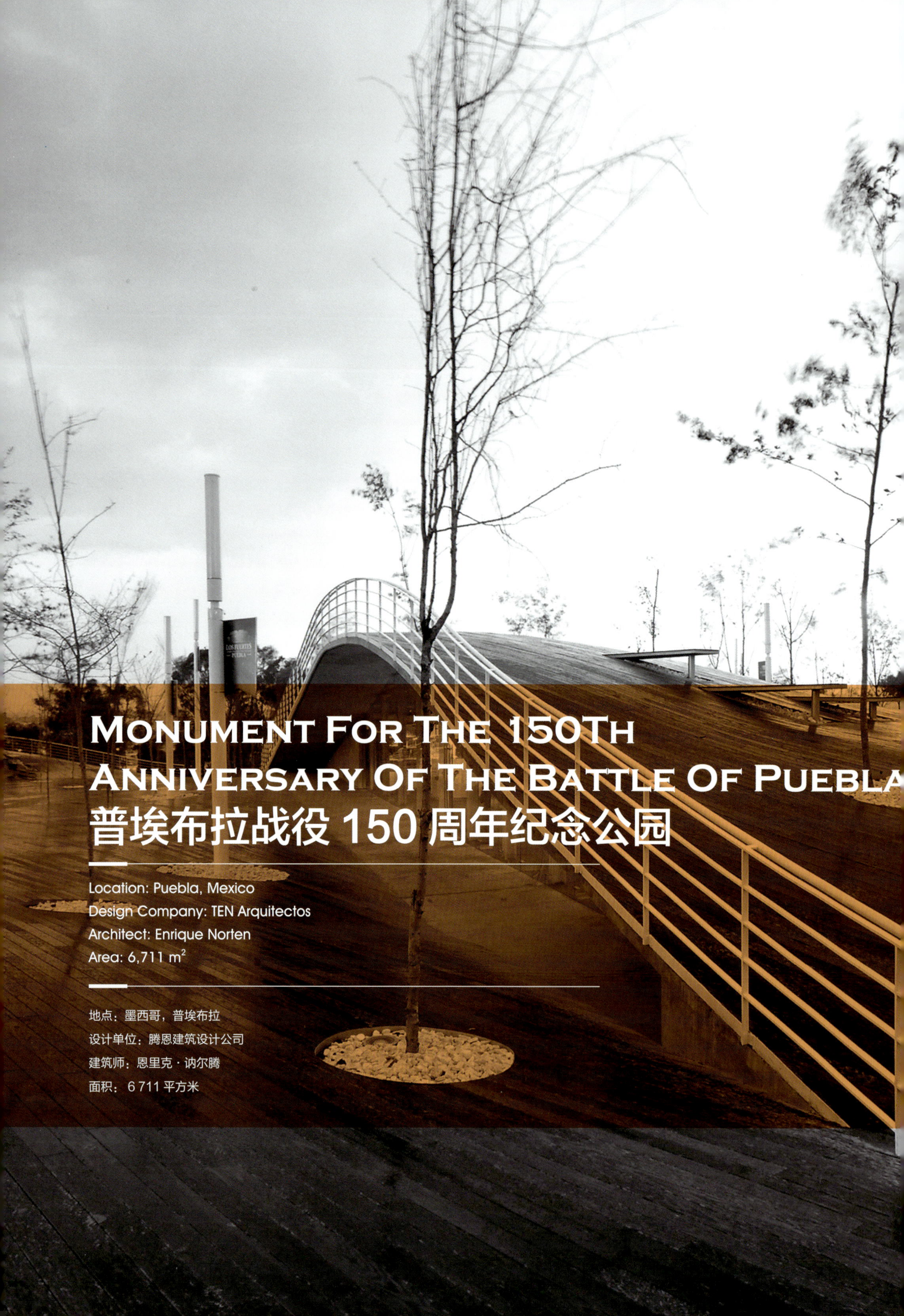

MONUMENT FOR THE 150TH ANNIVERSARY OF THE BATTLE OF PUEBLA

普埃布拉战役 150 周年纪念公园

Location: Puebla, Mexico
Design Company: TEN Arquitectos
Architect: Enrique Norten
Area: 6,711 m^2

地点：墨西哥，普埃布拉
设计单位：腾恩建筑设计公司
建筑师：恩里克 · 纳尔腾
面积：6 711 平方米

In Puebla, a city of legends and immense cultural richness, we find a kaleidoscope of buildings, textures and interactions that blend to give us a mosaic of the contemporary culture of the city. Within this framework, to the northeast of the main square is a complex that groups various spaces for culture, education and recreation; this site houses the Monument for the 150th Anniversary of the Battle of Puebla.

Throughout history, monuments have been erected to remind new generations of past events that define current times. Commonly typified as sculptural objects, our proposal seeks to foment the relations between the continuity of public space and maximize the site, through the creation of plural spaces of coexistence, as well as by taking advantage of the views granted by the location.

Formally, the idea of the monument is abstracted to design a space that goes from the open to the enclosed, from the vertical sculpture to the horizontal; stimulating coexistence through the interstices that arise from the premeditated elevation of levels.

On one hand, within these interstices, the program is translated into a gallery of multiple uses that on the top becomes an amphitheater for various types of events. On the other hand, a play area is designed for everyone, from children to the elderly, to have a recreational space with shaded areas and urban furniture. A kiosk and a service area are proposed, where drinks and snacks can be sold.

An artificial resemblance of the original topography, the superposition of the top layer offers visitors a park with undulating movements that generate different environments. The surface is divided into garden areas, wooden deck and sandpits; this division allows for a multiplicity of uses.

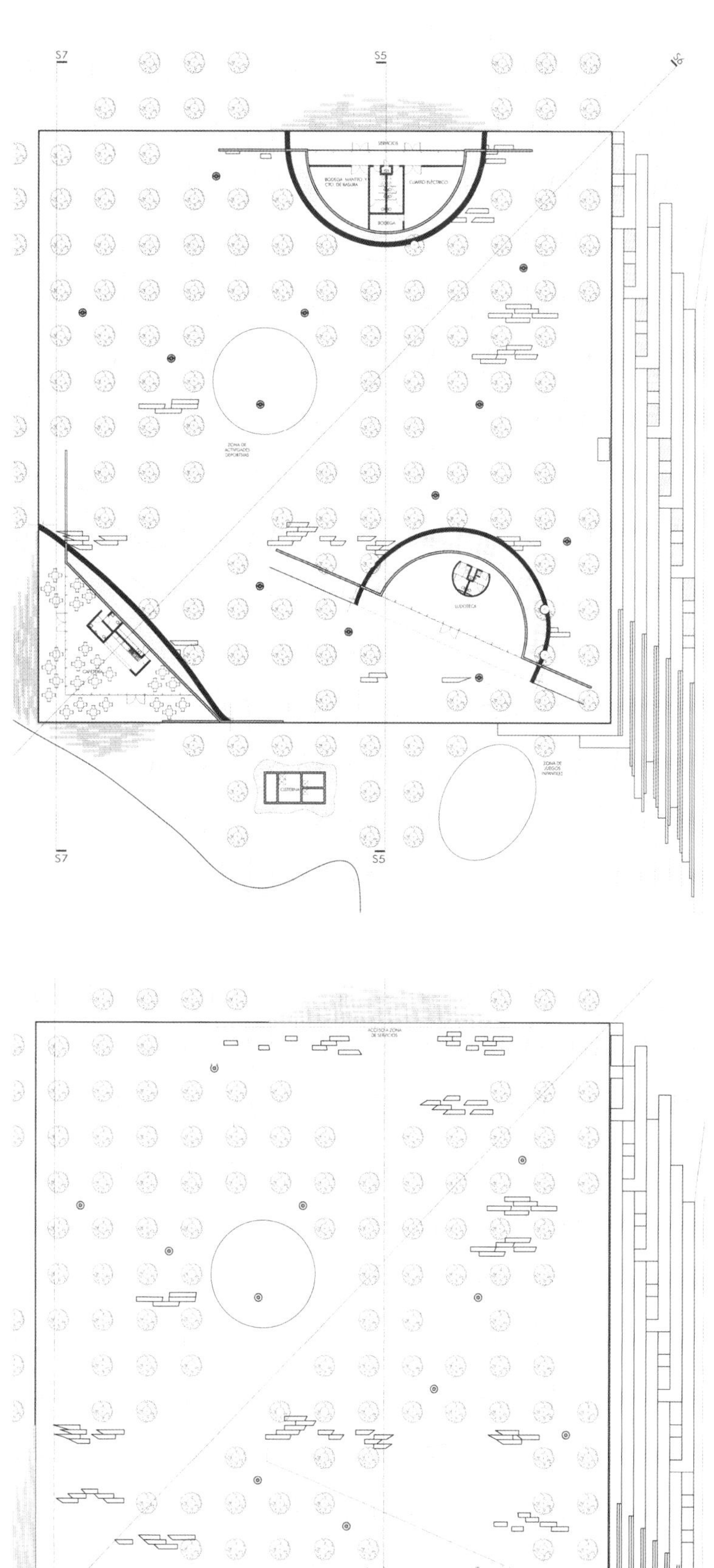

Parallel to the project, the densely vegetated context becomes part of the proposal. The trees in the site lean in through perforations that allow them to coexist with the intervention.

As part of the sustainable strategies, three main issues are addressed within the project:

① Rainwater is collected and stored in tanks for its use throughout the year. This ensures that the need for municipal water is minimized.

② The drainage system is designed to recycle grey water for its use in toilets and irrigation.

③ A system of filtration and water treatment will provide pure water for human consumption.

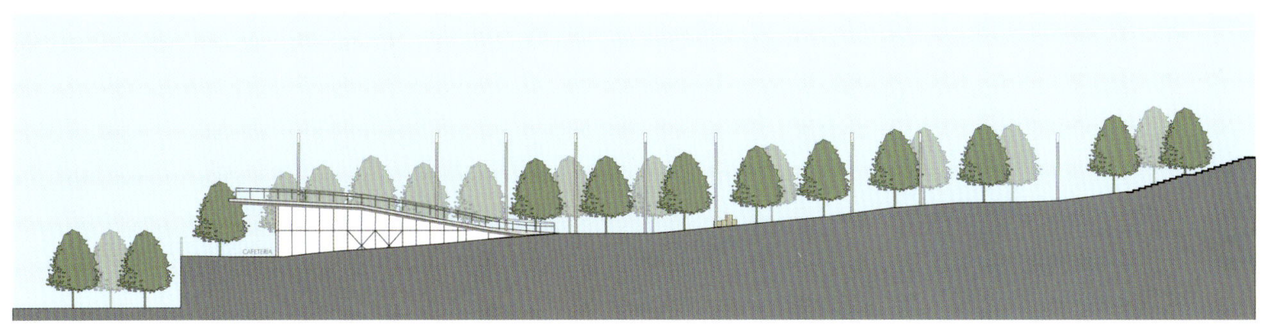

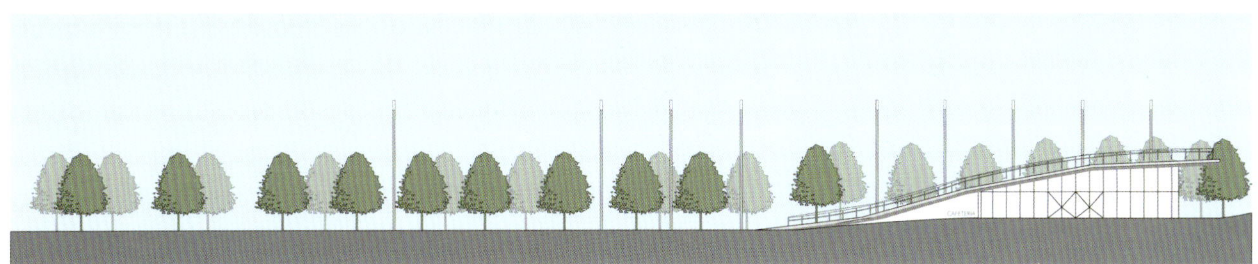

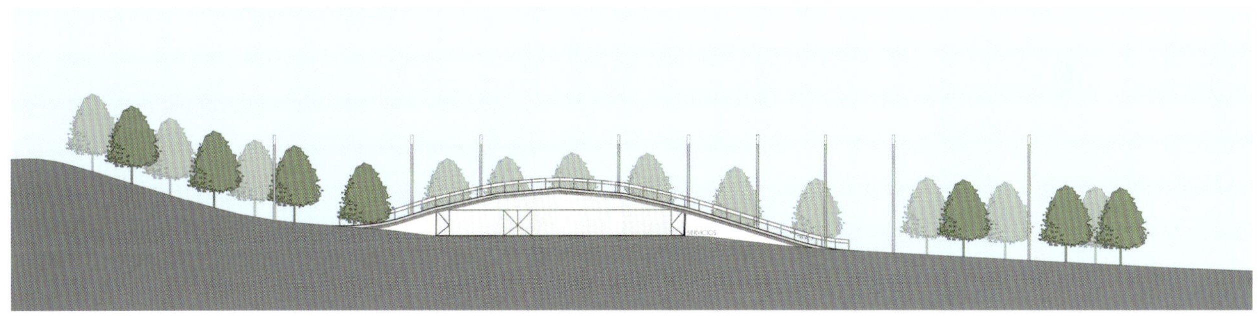

普埃布拉，一座文化内涵和故事传说极为丰富的城市。在这里，万花筒式的建筑、各种不同的城市纹理以及它们之间的相互作用，构成了丰富多彩的现代文化城市景色。在这种大背景下，在城市主广场的东北角，分布着各种各样的空间，包括文化空间、教育空间和娱乐休闲空间等。普埃布拉战役150周年纪念公园就坐落在这里。

纵观历史，众多的纪念性公园、纪念碑、纪念性建筑已经建立起来，目的是为了向新一代人讲述过去曾经发生的事情，正确看待现实生活。常见的纪念性公园，一般都设置一座雕塑。在这个项目中，试图通过创造复式共享空间和场地本身所拥有的视觉特征，在公共空间的连续性和场地的最大化之间，寻求某种关系。

在形式上，想把这个纪念性公园设计成这样一种空间：从开放过渡到封闭，从垂直空间过渡到水平空间。通过预先设置的不同高度的空间之间所产生的缝隙，实现空间的共享。

一方面，在空隙之内，设计了一个多用途画廊，上方则是一个可以用于开展各种活动的露天剧场。另一方面，还设计了一个运动区，可以供各个年龄层的人使用，从儿童到老人。在娱乐休闲区，设置了遮阴和城市便利设施。还有一个售货亭和服务区，可以为游客提供饮料和快餐。

在上层，模仿自然地形，设计了一个公园。地面起伏多变，创造出多种不同的环境。公园划分为花园区、木平台区和沙坑区，可以同时开展多种活动。

与项目场地相平行的、密集种植的植被，也成为项目设计方案的一部分。场地中的树木固定于穿孔中，与周边环境形成呼应。

在可持续性设计方面，主要考虑了三个方面的问题：

① 对雨水进行收集，储存在水池中，供一年四季使用，把市政用水量降到最低。

② 在排水系统设计中，灰水可以循环利用，用于厕所冲洗和灌溉。

③ 设置水过滤和处理系统，提供纯净水供人们使用。

MONUMENT TO GENERAL AUGIER
奥吉尔将军纪念碑

Design Company: Archiplanstudio
Photo: Marianna Mele

设计单位：Archiplanstudio 景观工作室
照片提供：玛丽安娜·迈乐

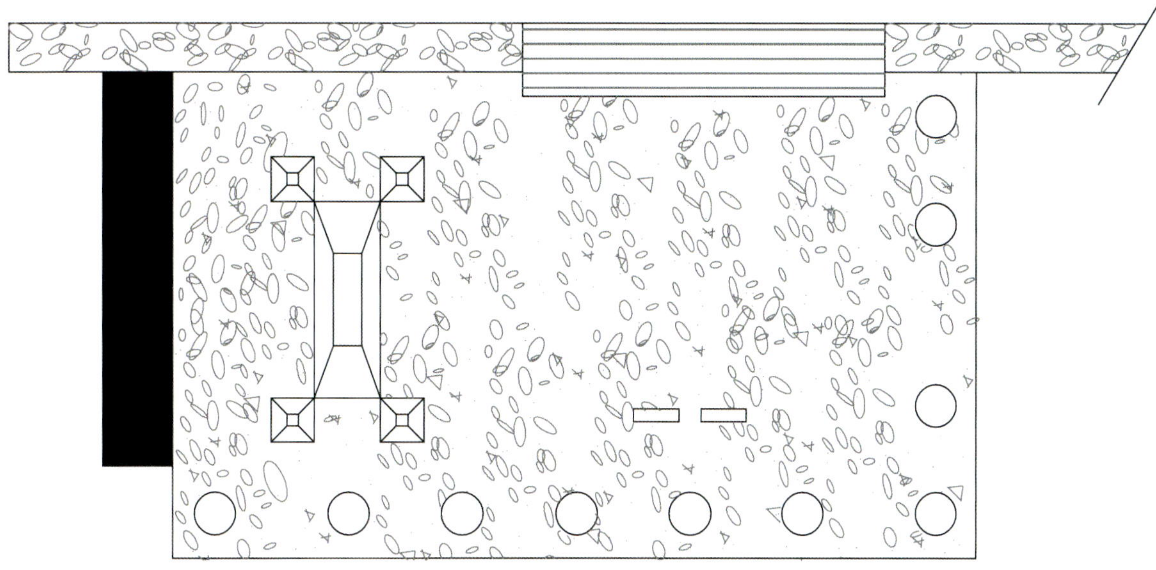

The redevelopment scheme of the monument to General Augier generates a symbolic, visual and material relationship between the commemorative memorial, the surrounding area and mankind. The perpendicular composition of the elements establishes a set viewpoint and the optical cones become the key to interpreting the constructed space. The eye settles on the curtains of Corten steel, the wood, cobbles and the white stone.

奥吉尔将军纪念碑重建方案，在纪念碑本身、周边环境和人类活动之间，创造了一种象征性的、视觉和材料相互关联的景观。垂直构成要素形成了一组视点，可调节的锥体在这个结构性空间中起着决定性作用。低碳耐候钢幕墙、木材、鹅卵石和纪念碑的白色石板吸引着人们的目光。

MUSEO DEL ACERO HORNO3, MONTERREY, MEXICO
墨西哥蒙特雷 3 号高炉钢铁博物馆

Location: Monterrey, Mexico

Landscape Design: Surfacedesign Inc.+ Harari arquitectos, San Francisco, CA

Architect: Nicholas Grimshaw

地点：墨西哥，蒙特雷市

景观设计：加利福尼亚州旧金山 Surfacedesign Inc.+ Harari arquitectos

建筑师：尼古拉斯・格里姆肖

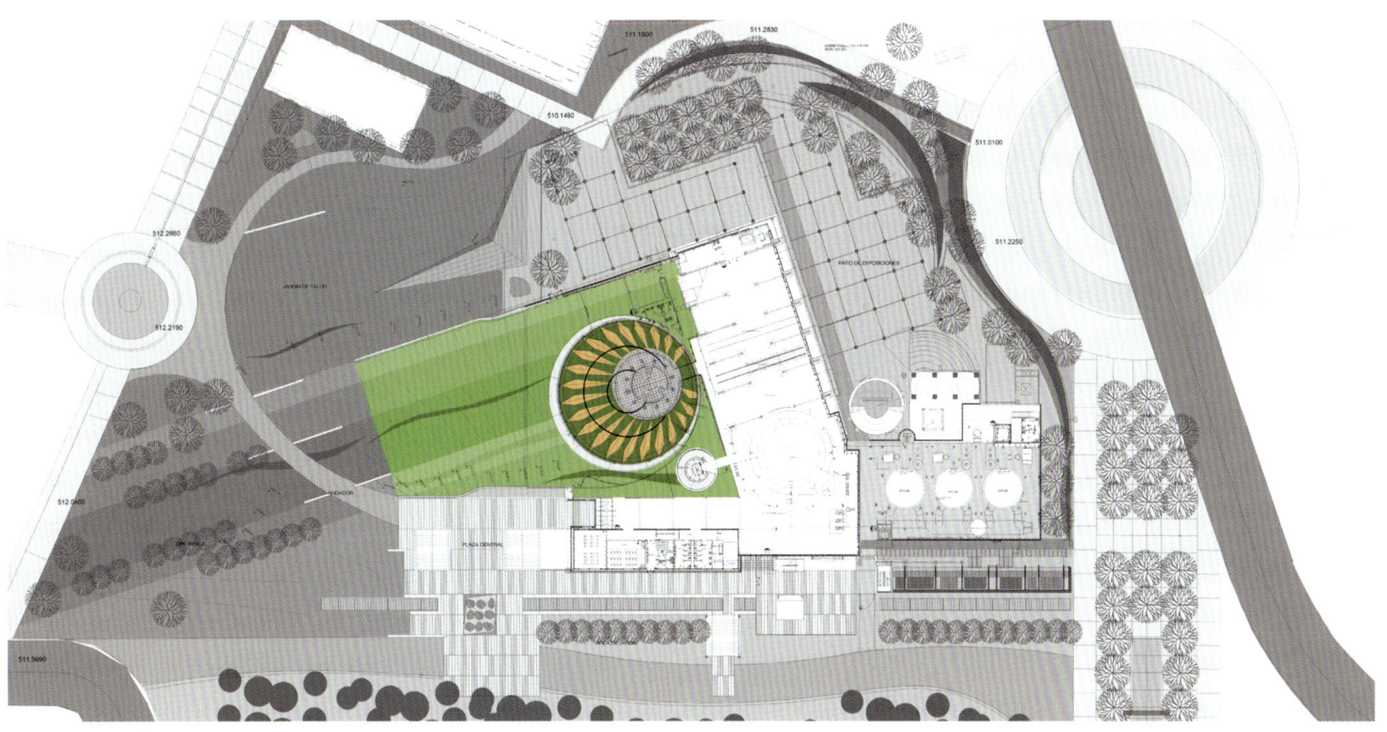

Project Statement

A team of international designers collaborated to transform a decommissioned blast furnace and a brownfield site into a modern history museum dedicated to the region's rich history of steel production. Borrowing from materials endemic to the site, innovative landscape design weaves together with modern architecture to usher an old relic into the 21st century. Environmentally sensitive technologies – such as green roofs and a storm water collection system – offer a new approach to the landscape while respecting the original context.

Project Narrative

In 1986, the city of Monterrey, Mexico reclaimed an expansive 1.5 hectare brownfield site of a former steel production facility. Eleven years later, the site's decommissioned blast furnace has emerged as the Museo Del Acero Horno3, the Museum of Steel, which serves as a new focal point for the region. Located at the center of the modern Parque Fundidora, which receives more than two million visitors per year, the Museo Del Acero Horno3 narrates the story of steel production both to the generations who remember the history of the site and to younger visitors who may be unaware of the region's legacy.

ELEVACIÓN MURO DE

0.0 1.0 2.0 4.0 7.0

The landscape for the Museo Del Acero Horno3 expresses the spirit of the site's former industrial glory and celebrates its position within the surrounding dramatic landscape. The overall landscape design emphasizes the physical profile of the 70-meter furnace structure while complementing the modern design of the new structures. The history of steel is an important narrative element throughout the site, and thus steel, much of it reclaimed from the site (such as the ore-embedded steel rails used to define the outdoor exhibit spaces) is used extensively to help define public plazas and delineate fountains and landscaped terraces. Large, free-formed steel objects and machinery unearthed during excavation were incorporated as stepping stones and other features. The design approach melds industrial site reclamation – and the adaptive re-use of on-site materials – with ecological restoration through the use of green technologies.

All of the storm water runoff within the site's boundaries is treated in a series of on-site treatment runnels. These surround the exhibition areas and reinterpret the former industrial canals that once moved steel production by-products within the site. Aquatic plants and wetland macrophytes bio-remediate and treat storm water before it enters an underground cistern where it is stored for dry season irrigation.

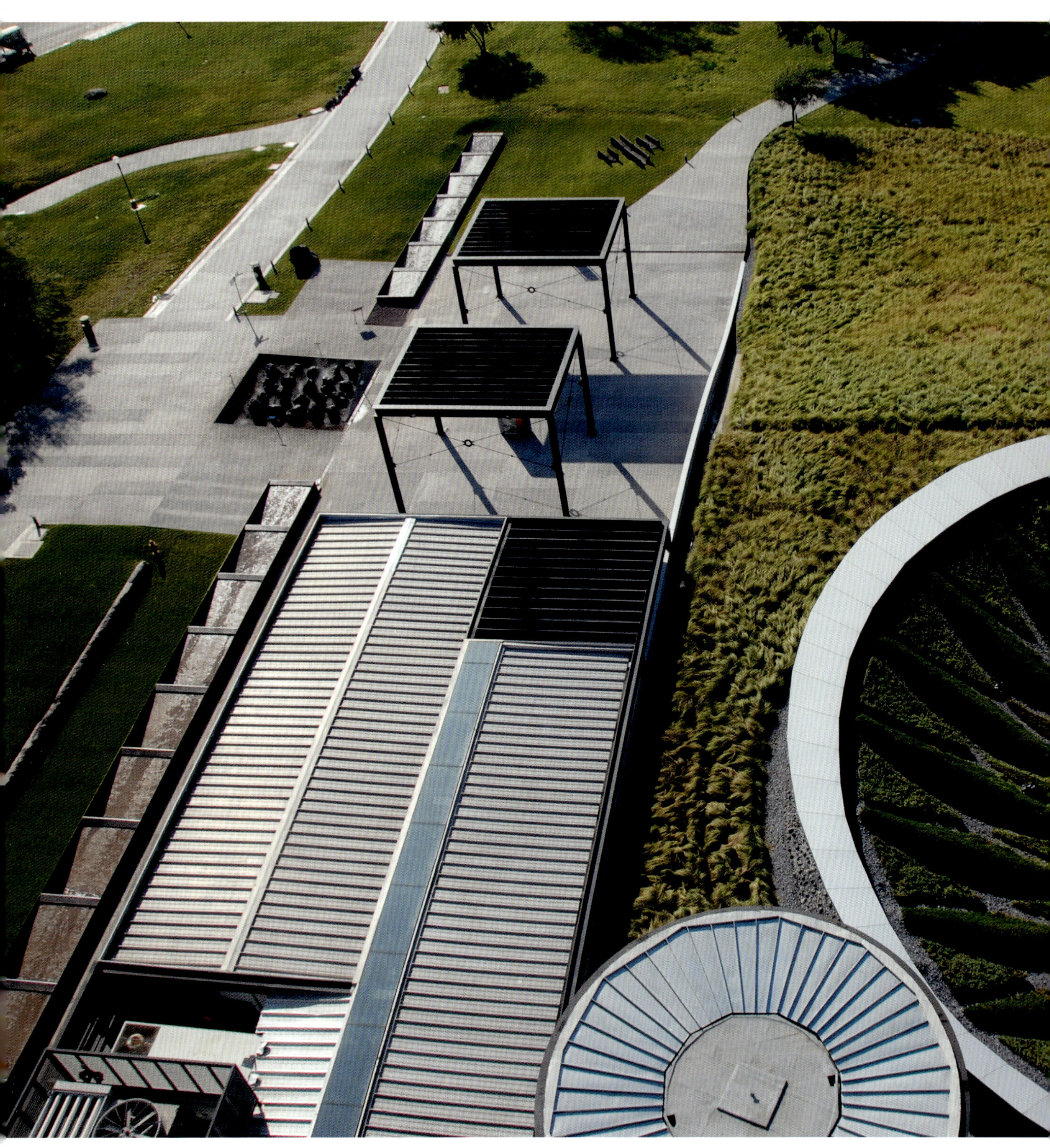

Two water features are integral to the narrative of the project, while helping to define and locate the public space adjacent to the museum. In the main esplanade, the steel plates that formerly clad the exterior of the main hall were repurposed into a stepped canal over which water cascades. The 200-meter-long feature alludes to the tracks used daily to train in the thousands of tons of raw materials that were off-loaded in this location, and serves as a visual connection to the rain garden in the landscape beyond. At the museum's entrance, the stepped canal culminates in the misting fountain, a grid of rocks visibly embedded with ore. This trompe l'oeil evokes the caustic heating process once used to extract ore, but instead of steam it generates a cooling mist that blows over the plaza – a pleasant surprise for visitors in Monterrey's hot and arid climate.

The use of green roofs (extensive and intensive) over the museum – which comprises the largest such roof system in Latin America – helps to reduce the visual impact of the new buildings. The existing furnace rises from this newly created ground plane. On the higher roof, a variety of drought-tolerant sedums have been arranged according to the structural roof patterns of the new architecture, and are contained by what appears to be a floating steel disk. A circular viewing deck allows visitors to take in the expanse of surrounding regional landscape, including the distant Sierra Madres, which are echoed in the roof's mounded shape. Below, Alfombra verde (green blanket) a less constrained meadow of tall grasses – an abstraction of the native landscape – creates a connection to the landscape's pre-industrial context both functioning as a bior-emediation for degraded soil and increasing thermal benefits for the new structure.

Principals of sustainability are at the core of the landscape design of the Museo Del Acero Horno3. By thoughtfully repurposing found industrial artifacts and incorporating new green technologies that work in concert with the architecture and the greater landscape, the designers have created an outdoor exhibition space that interprets the area's historic uses while celebrating artistic opportunities for the future.

项目陈述

由国际著名设计师组成的设计团队，通力合作，把一个废弃的高炉和棕色地段，改造成了一个现代历史博物馆，反映出这一地区悠久的钢铁生产历史。借用场地上特有的材料，具有创新性的景观设计与现代建筑交织在一起，把一个原有的工厂遗迹，改造成了21世纪的重要景观。采用环保技术，如绿色屋顶和降水收集系统，以新的设计方法创造景观，同时又充分地尊重了场地的自然环境脉络。

项目说明

1986年，蒙特雷市宣布，原先钢铁厂所在的棕色地段，扩大1.5公顷。11年后，场地上废弃的高炉变成了3号高炉博物馆，也就是钢铁博物馆，成为该地区一个新的焦点。位于现代芬迪多拉公园（Parque Fundidora）的中心，3号高炉博物馆向人们讲述着这一地区的钢铁生产历史，既包括曾经见证这段历史的那一代人，也包括对该地区的历史不了解的年轻游客。

3号高炉博物馆景观， 表达了场地上原先工业生产所带来的荣耀，对于它在周围优美景观中所处的位置给予赞美。设计方案总体上强调70米的高炉所具有的特殊特征，并辅以现代新结构设计。在整个场地上，钢铁生产的历史是很重要的表述要素。因而，原来场地上许多与钢铁相关的内容都得到充分利用，比如定义公共空间、勾画喷泉轮廓、建立景观平台等。户外展览空间就是用道渣填充的钢轨来定义的。场地整理过程中挖掘出来的大型的、形状各异的钢构件和设备，用以建造台阶和其他景观设施。在设计方法上，通过采用绿色技术，把场地上原有材料的重新利用，与生态恢复融合在一起。

场地中的降水径流，通过一系列的小水渠进行处理。水渠环绕展览区，就像是从前的工厂河道，把生产过程中所产生的副产品排到外面。地表径流进入地下蓄水池之前，先通过水生植物和湿地大型植物进行处理、修复。贮存起来的水供干旱季节灌溉使用。

公园中设置了两处水景，有助于对博物馆附近公共空间进行限定和定位。在主通道上，原来用于遮盖主厅的钢板，用来建造一道台阶式的水渠，形成一段瀑布。原来用于运输成千上万吨原材料的、长200米的钢轨，予以拆除，以与远处的雨水花园构成视觉连接。博物馆的入口处，从台阶式水渠上流下的水流在喷泉处汇集，喷泉中放置矿石，非常显眼。原先用于矿石提取的、在加热过程中常会引起腐蚀的水风筒，被改造为喷发蒸汽的装置，能够产生凉爽的雾气，吹向广场，在蒙特雷炎热干燥的季节，给游客带来意外的惊喜。

博物馆屋顶绿化，采用普通绿化和强化绿化两种方式，这是迄今为止拉丁美洲最大的屋顶绿化系统，有助于降低新建筑对视觉造成的不良影响。在这个新创建的地平面上，原来的高炉显得更为高大。根据新建建筑屋顶结构形式，种植了多种景天属植物，看起来就像是一个漂浮在空中的钢制圆盘。圆形的观光平台上，游客可以欣赏周边宏伟壮观的景观，包括远处的马德雷山脉（Sierra Madres），与丘形的屋顶相互呼应。高草草甸所形成的绿色地毯，作为对当地景观的一种抽象表现，让人联想起工业生产之前的景象。同时，对退化的土壤进行生物修复，增强新建筑的热效应。

可持续性设计理念，在这个钢铁博物馆景观设计中占据核心地位。通过对原有工业设备设施的精心挑选和重新利用，加上最新的绿色技术，以及对建筑和更大范围景观的通盘考虑，设计师们创造了一处令人惊奇的户外展览景观，既体现出了场地的历史渊源，又为未来艺术性地开发利用创造了机会。

Fundidora
ArcelorMittal
DEACERO

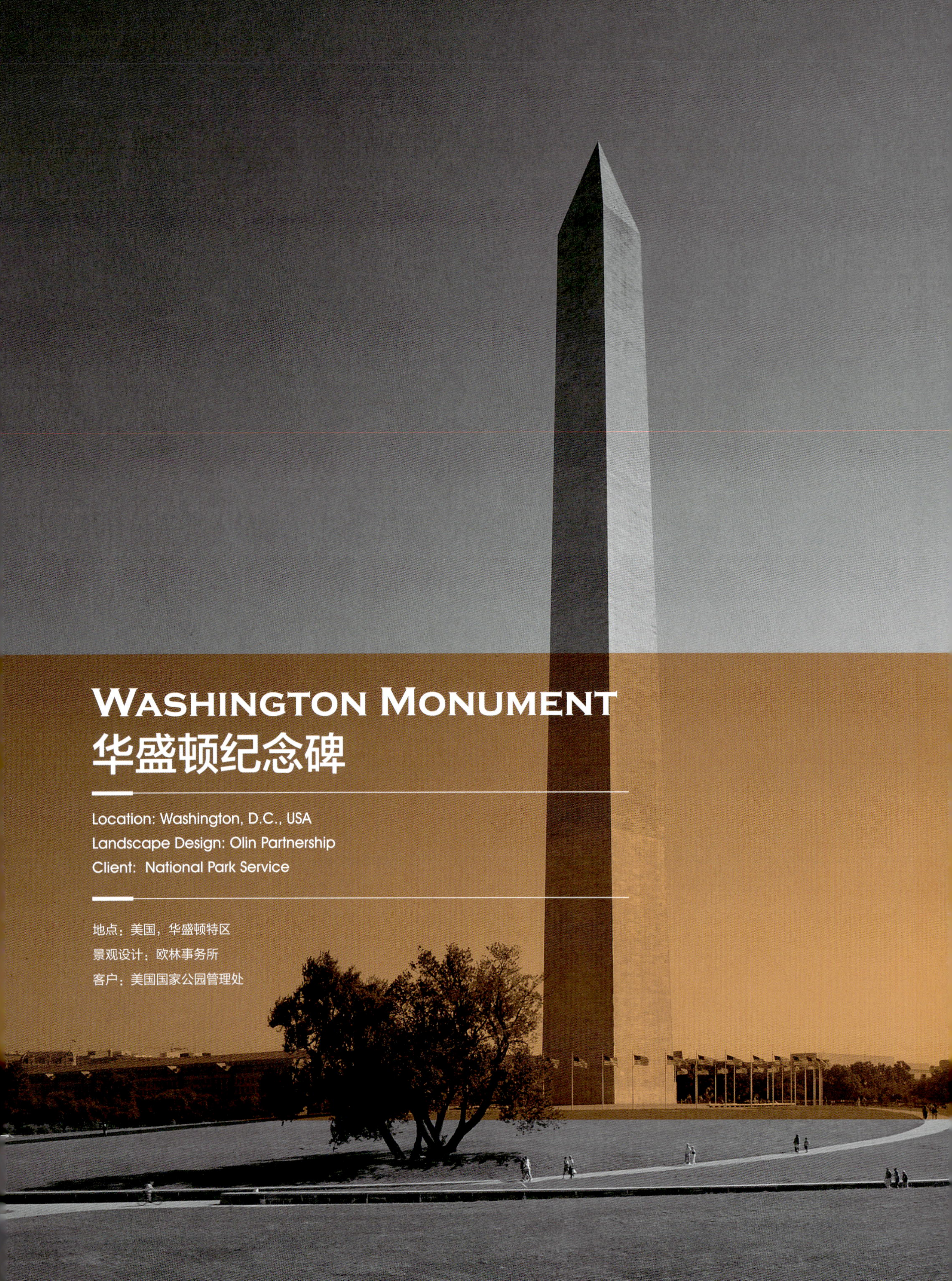

WASHINGTON MONUMENT
华盛顿纪念碑

Location: Washington, D.C., USA
Landscape Design: Olin Partnership
Client: National Park Service

地点：美国，华盛顿特区
景观设计：欧林事务所
客户：美国国家公园管理处

Project Statement

The revitalized Washington Monument articulates the site's character and identity within the context of the National Mall and demonstrates the art and craft of landscape architecture in a very prominent place. The design is bold and clear; a minimalist solution that turned a project originally funded to prevent terrorism into a handsome civic amenity. It is proof that the union of sound security and artful design is not only possible, but can be functional and graceful.

Project Narrative

The Washington Monument is an icon of American freedom and democracy. Its 291,374 m^2 grounds play a vital cultural role, providing a public space for demonstrations, celebrations, entertainment and recreation for millions of people each year. A need to upgrade exterior security provisions came to the forefront after 9/11, leading to an invited design competition for the Monument grounds. The landscape architect won the competition with an elegant security solution, and in the process, successfully proposed much needed landscape improvements. The Washington Monument grounds had become unattractive and the Monument was left standing in a disrespectful and unacceptable physical setting. The grounds consisted of an irregular and poorly-graded hill with struggling eroded grass, cracked concrete and asphalt drives used for walks that ran straight up the hill violating contemporary standards for accessibility. A poorly-designed and disfiguring concrete block hot dog stand had been built against the historic Monument lodge on the central axis toward the United States Capitol. A surface parking lot marred the view on axis with the White House. Huge bunkers on each of the compass points housed outmoded search lights for evening illumination, providing both a blinding hazard and huge clouds of insects at the ground near the Monument. The concrete Jersey barriers and squad cars ringing the Monument part way up the mound contributed to the ground's ills.

From the outset of the project, the design intent was to determine how best to turn an anti-terrorist defense project into a welcoming civic space. The history of the site, its dimensions and proportions, circulation routes, and research regarding contemporary vehicular barriers and bomb blasts were intensely researched. Since the Monument sits atop a significant hill, disabled access was also studied. In addition, traditional, unobtrusive fencing and barrier designs of 18th century European estates were considered for their effectiveness as physical deterrents. Landscape architects have designed barriers for centuries. In 18th century England and France, sunken walls were frequently employed to prevent livestock from gaining access to country houses and chateaus while providing visual continuity. It was also noted that Olmsted and Vaux had used low stone walls to resolve grading issues and direct the movement of pedestrian and horse-drawn vehicles at the United States Capitol grounds. Deploying a combination of these two strategies, a scheme was developed.

The design brings resolution to the landscape deftly. Representative of this are the low 9 m granite-finished walls. The curving walls are configured in a graceful pattern appropriate to the spirit of the Mall and the Monument. They safeguard against automobiles and trucks entering the site and also provide a resting place without distraction from one's view.

Concrete paths were reconfigured, graded and replaced, providing more secure pedestrian circulation while additionally enhancing the site's beauty and disabled accessibility. New plantings, lighting, furnishing and a granite-paved plaza at the base of the Monument breathe life into the visitor's experience and foster interaction with the iconic memorial. The unfortunate concrete block addition and surface parking lot were removed.

Given that the Washington Monument is the most iconic and abstract of all memorials in the Unites States Capitol, the landscape architect set out to do the simplest, most minimal solution. One conclusion was there were to be no vertical lamp poles (there were already 50 flag poles) or railings. Thus, lighting for the Monument is either remote or in the ground. At the top of the low security walls that surround the base of the hill, a broad raised warning band with a light stone edge calls out the drop for visitors wandering down the hill. It also catches water leading it to drains to prevent it from eroding or causing a

problem with lateral pressure in the walls. Because several points of the wall face areas for festivities and informal recreation, such as the traditional softball leagues of nearby government employees, a small curb was placed at the base of the wall to serve as a footrest for people sitting on the wall to watch games and other events. The curb also functions as a protective device from snowplows. The walks are laid out to spiral up and back down the hill making a quarter-turn as they ascend rather than progressing radically straight up the hill toward the Monument. The intent is two-fold: first, it provides ample length to achieve a comfortable and accessible ascension i.e. less than a 5% continuous slope; second, to offer a changing and sweeping view ahead of the scene ahead. The grading for these walks ensures that they are not visible from a distance.

At the base of the Monument, a simple granite disk has been installed upon which are a series of elegant, low and broad marble benches without backs. The intent was to keep things as minimal and horizontal as possible, leaving only the Monument and the flag poles as vertical elements. The benches are wide enough to accommodate large numbers of people, some of whom are in queues with timed tickets waiting to ascend the Monument. Others are resting, waiting for friends or family, or merely looking out at the surrounding monuments, city and landscape. The benches are broad enough that people can sit back-to-back without infringing upon each other. They can recline to look up at the Monument and sky. The result is safe, secure, handsome and welcoming.

The regarding of the hill and the realignment of the pathways preserved the majority of the planting, including an ancient mulberry tree on the southwest corner. The regarding effort required major reshaping to aesthetically enhance the base of the Monument. An outdoor theater stage used for band concerts for several decades was also worked into the scheme on the south flank of the hill.

During the design process, the landscape architect worked very closely with the owner. Not only were the opinions from the owner fully incorporated into the design, but comments from public meetings and review agencies were carefully addressed. The design of the landscape went through public reviews in collaboration with the National Capital Planning Commission and the Commission of Fine Arts, in addition to the owner. The grounds' special uses and activities, the presence of police and security personnel, budget, maintenance, and sustainability were discussed.

项目陈述

重新焕发活力的华盛顿纪念碑，在国家广场的大环境下，充分地表达了场地的特性和特征，在这个令人瞩目的地方，展示出景观设计高超的艺术造诣和技术水平。设计方案醒目清晰，极简主义的设计手法，把这个原来主要是为防止恐怖袭击而设立的项目，改造成了一处漂亮的城市设施。事实证明，良好的安全性和精巧的设计有机结合是可能的，而且在功能上能够尽情表达，视觉上也完美优雅。

项目说明

华盛顿纪念碑是美国自由和民主的标志。面积291 374平方米的广大地域，具有重要的文化地位，为公众活动提供了优良的公共空间，每年数百万人在这里从事各种活动，比如集会游行、庆祝活动、娱乐休闲等。9·11事件之后，外围部分的安全性需要进行提升改造，于是邀请有关设计公司开展了一场设计竞赛。凭借极佳的安全解决方案和一些必需的景观改革规划，欧林事务所最终赢得了设计竞赛。改造之前，华盛顿纪念碑的吸引力已经减弱，

不再那么受人尊敬，周边环境也令人难以接受。整个场地由一座不规则的、分级不良的山丘组成。草坪受到侵蚀；混凝土开裂；直接通往山顶的、用于步行的道路，违反现代便捷的标准。在通往国会大厦的中轴线上，靠近历史性纪念碑宾馆，混凝土热狗售货亭设计糟糕、造型低劣。地面停车场破坏了通往白宫的视觉轴线。每个罗经点上放置着大量燃料，维持着过时的探照灯，进行晚上照明，在纪念碑附近形成一个危险的盲区，并且招致昆虫的大量聚集。混凝土路障，以及围着纪念碑转悠的、有时会爬上平台的警察巡逻车，也是一道不良的风景。

在项目的起始阶段，该项目的设计目标就确定为，如何完美地把一个反恐怖主义的项目，转变成一处受欢迎的城市空间。对于场地的历史、尺度和比例、交通道路以及机动车障碍和炸弹爆炸问题等，都进行了深入的研究。由于纪念碑坐落在山顶，对于残疾人道路问题也进行了研究。此外，18世纪欧洲地产中经常采用的传统的、不起眼的篱笆，在这个项目中作为一种障碍物的可行性，也进行了研究。障碍物设计，在景观设计中已经有好几个世纪的历史了。18世纪的英国和法国，经常采用下沉墙体，以防止牲畜进入乡村住房和城堡，同时又能够保证视觉的连续性。同时，还注意到，奥姆斯特德（Olmsted）和沃克斯（Vaux）曾经采用低矮的石墙处理坡度问题，并且在美国国会大厦广场上，用来引导行人和马拉车。在这两种方式融合的基础上，提出了一种新方案。

该项目设计对这个场地景观进行了巧妙的处理。典型的代表就是那道低矮的、9米长的花岗岩装饰的墙体。曲线形的墙体，造型优雅，与国会广场和纪念碑的精神内涵相搭配。这道墙是防范小汽车和卡车进入空间的一道安全屏障，但同时又提供了一处休憩场所，不分散游客的视线。

原有的混凝土道路被重新规划、平整和替换，行人步行更加安全，场地更加美观漂亮，更利于残疾人通行。新种植的植物、照明设施、各种装饰以及纪念碑底部花岗岩铺就的广场，让游客享受全新的体验，与标志性的纪念碑展开互动。原先的混凝土块和地面停车场地被移除。

假如华盛顿纪念碑是最具标志性的、最抽象的景观，那么景观设计师在这里所提出的就是最简单的、最小限度的解决方案。一是没有设置垂直灯杆或者栏杆（原来已经有50根旗杆）。这样，纪念碑的照明，要么是从远处，要么是在地面上。围绕山顶底部的、低矮的安全墙上面，有一道宽大醒目的警示牌，石块边缘略向外突出，提醒游客停下脚步赶快下山。它还可以汇集降水，排入排水系统中，防止侵蚀，或者因侧方压力而造成损害。墙上多个地方，可以观看到各种节日活动和非正式的娱乐活动，比如附近政府雇员组成的传统的垒球队等。对此，墙体底部设有路缘石，可供人们在观看比赛或者其他活动时，把脚放在上面休息。路缘石还可以作为一种雪犁保护装置。步行道螺旋上升，通过一个直角回转从山顶往下，而不是笔直地向上，直奔纪念碑。这样做有两方面原因：第一，在向上攀登过程中，保证有适当的长度，也就是说坡度低于5%，使游客能够舒服地行进；第二，提供不断变化的、一览无余的视野，这种道路坡度保证远处的人不会看见。

纪念碑底部，安装了一个简单的花岗石圆盘，上面有一系列优雅的、低矮宽大的大理石坐凳，坐凳没有靠背。这样设计的目的是为了使构件降到最小，并且尽可能地保持水平状态，以突出纪念碑和旗杆垂直高大的形象。坐凳很长，可以容纳很多人，其中有些人是持票排队等候下山的。另一些人可能是坐下来休息，等朋友或者家人，或者仅仅是为了欣赏纪念碑周围的景色、城市和景观。坐凳很宽，两个人可以背对背坐着而互不干扰。可以躺下来，仰望纪念碑和天空，安全、保险、漂亮且很受欢迎。

在对这座山的重新布局和道路的重新安排过程中，绝大部分植物都得到了保护，其中包括位于西南角的一株古老的桑树。在重新布局过程中，一些主要地段需要重新造型，以提高纪念碑底部的美学效果。在山的南侧设置了一个露天剧场，供乐队演出使用，这些乐队在这里演出已经有几十年了。

设计过程中，景观设计师与所有人进行了密切的合作。不仅所有人的观点完全融入设计之中，而且来自公众和评审机构的意见，也给予了认真的考虑。设计方案经过了公众的评审，包括国家首都规划委员会、艺术委员会以及纪念碑所有人。有关场地的特殊用途和各种活动、警察和安全部门的设置、预算、养护管理，以及可持续性问题，都经过了充分的讨论。

FATHERLAND SERVICE SQUARE
祖国服务广场

Location: Mexico City, Federal District, Mexico
Design Company: La Metropolitana
Architect in Charge: Santiago Itzcoatl
Area: 49,406 m^2

地点：墨西哥联邦区，墨西哥城
设计单位：La Metropolitana 建筑事务所
总设计师：圣地亚哥·伊兹考特尔
面积：49 406 平方米

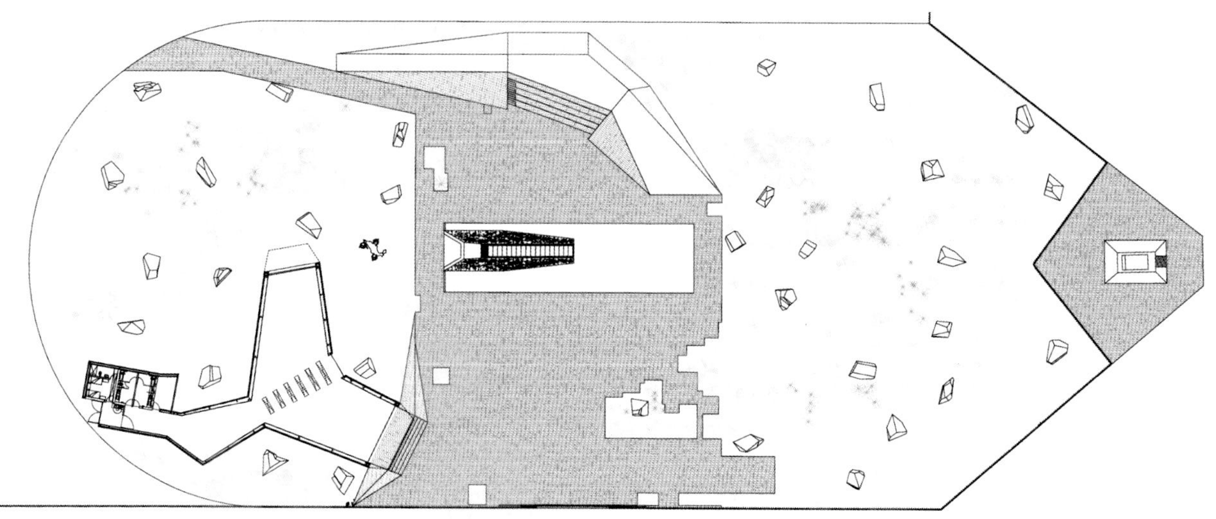

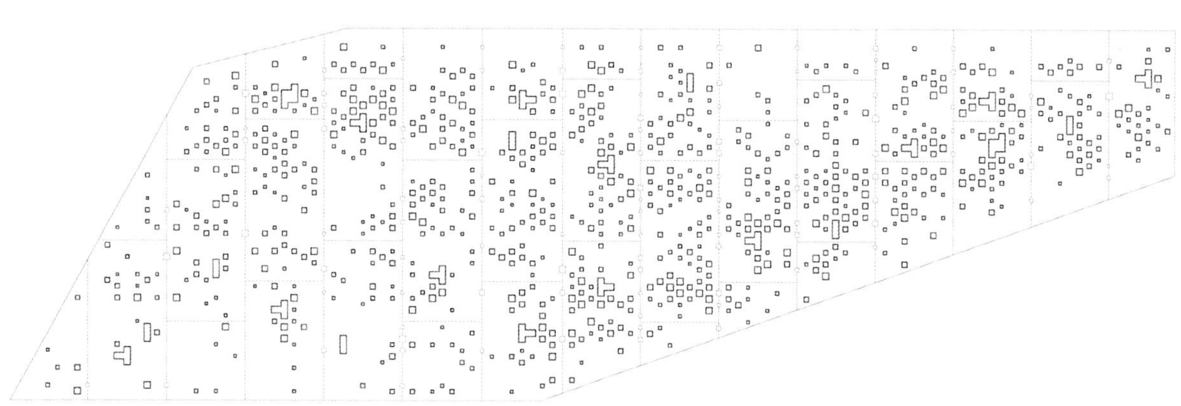

The architectural plan incorporates a Memorial, a cultural centre, an open air theatre and an outdoor sculpture project. The site responds to its natural surroundings and uses them to create both spatial and visual circulations. The Armed Forces Memorial (cenotaph) is the main element of the square. A metallic structure covered in corten steel bears white marble interiors, engraved with the names of all the military personnel who lost their lives fighting against the organized crime. The cenotaph settles on a mirror of water that elevates towards an open niche, where a waterfall will meet the cenotaph's resting base.

Another element of the construction is the Armed Forces Cultural Center. This building's main purpose is to teach and inform through multimedia installations the Armed Forces' organic structure. These installations also comprehend a summary of the Armed Forces' history and main achievements, as well as a visual catalogue of their technology and armament.

Within the same area, an additional interactive installation expresses the relationship between the late military personnel and the design principles of the architecture and sculptural projects. The open air theatre can accommodates 200 people and emerges from a talus that elevates both the garden and square; it delimits the entrance of Campo Marte (the armed forces main meeting point), and has been strategically built underneath a vast canopy of pre-existing trees.

Thirty-two white marble monoliths were projected and scattered throughout the gardens. Each one of the monoliths forms irregular solids that measure equally in weight and volume, whose geometry emerges from the subdivision of the cenotaph's internal volume. The monoliths were originally conceived as if the national territory was scattered across the square's landscape, respecting our nation's political division and zoning. Finally, standing in representation of each Mexican province, they bear a fragment of contemporary poetry created during the same period in which deaths were recorded on the Memorial; written by authors native to the corresponding federated entity.

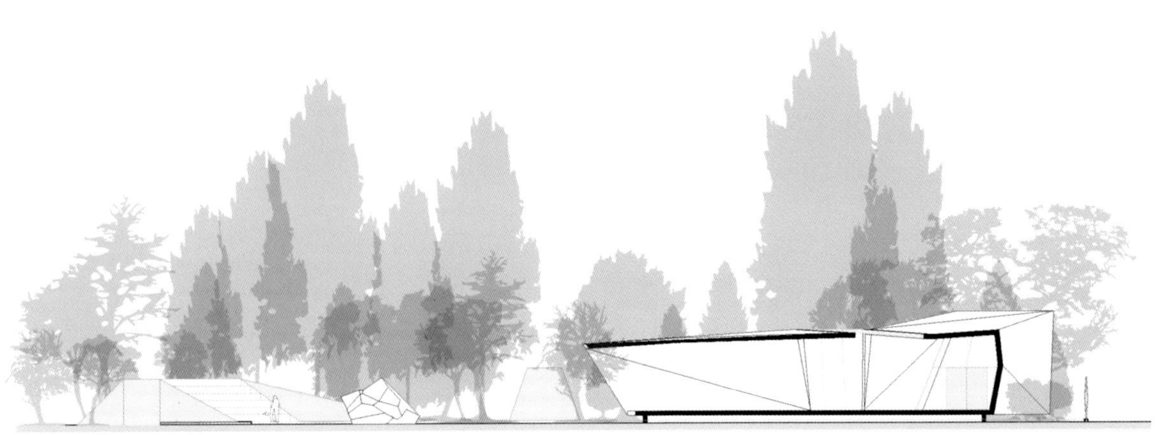

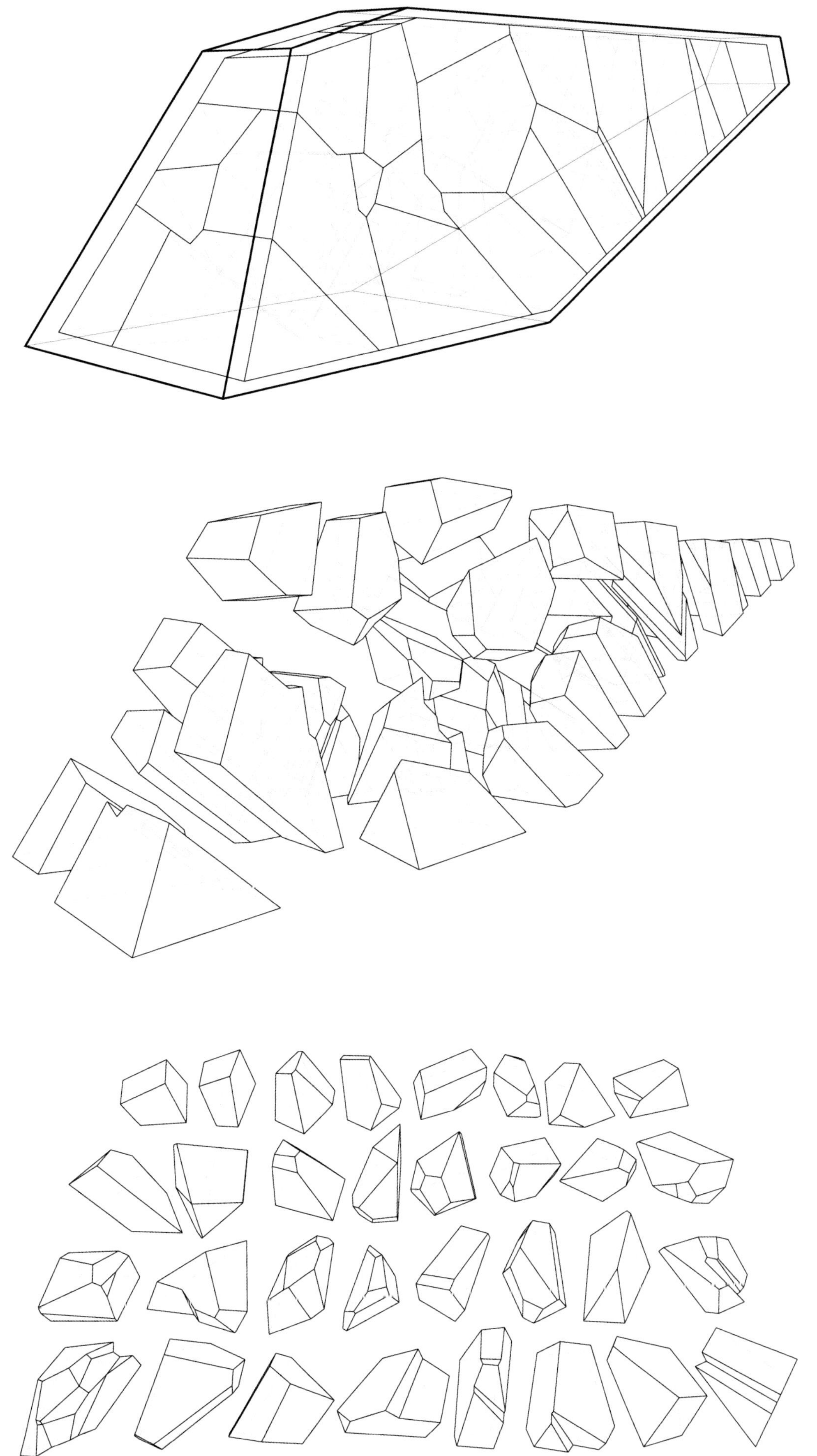

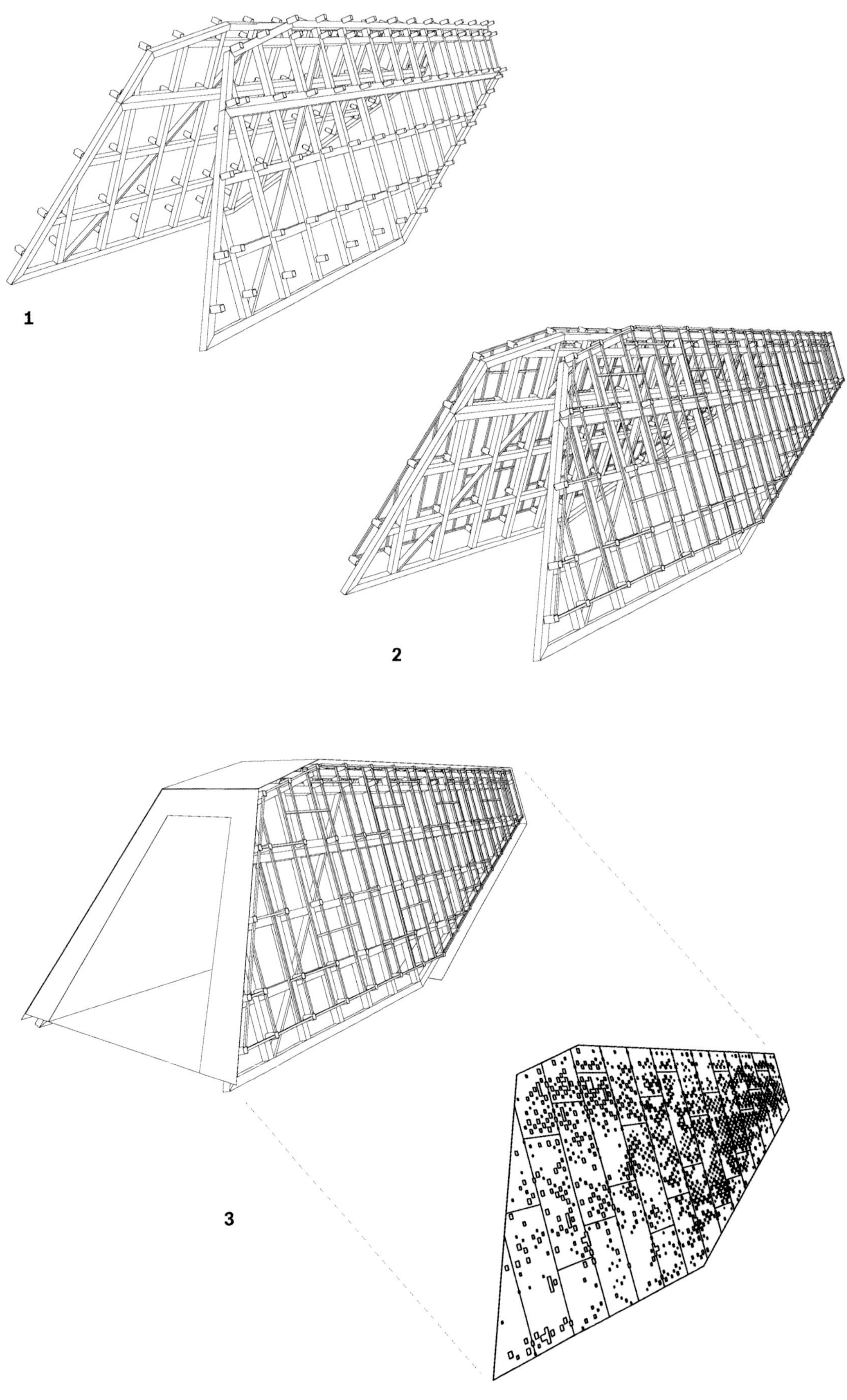
1
2
3

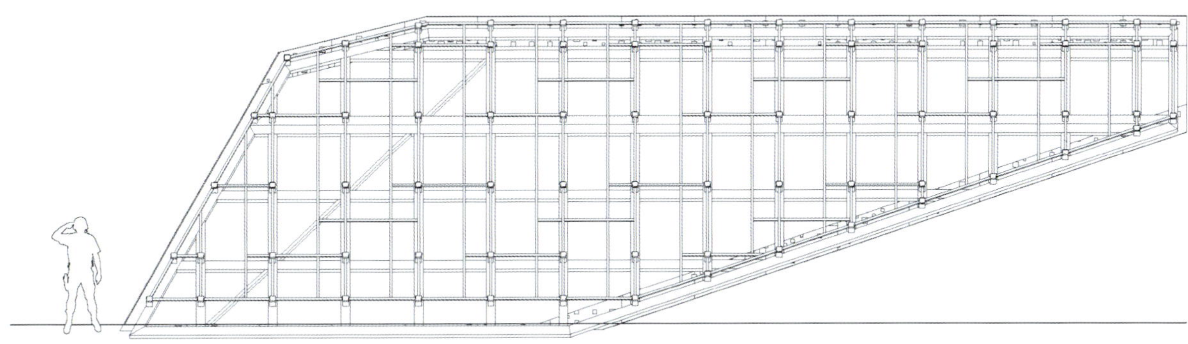

祖国服务广场规划，包括一座纪念碑、一个文化广场、一个露天剧院和户外雕塑。该项目与周边自然环境相协调，并利用自然环境创造出良好的空间和视觉效果。武装部队纪念碑（衣冠冢）(The Armed Forces Memorial)是这个广场的主要构成要素。耐候钢的金属结构，里面用白色大理石装饰，上面雕刻着为了抵抗有组织的犯罪而在战斗中牺牲的所有军人的名字。衣冠冢安置在镜子般的水面之上。水在衣冠冢的开口处呈瀑布下泻，与衣冠冢底部相交汇。

广场中另一个重要构成要素，就是武装部队文化中心（The Armed Forces Cultural Center）。这个建筑的主要目的，就是要通过多媒体手段，向人们展示武装部队的组织结构。在这座文化中心中，包括武装部队的发展历史及其主要成就，以及军事技术和武器装备图表。

在同一区域，增加了互动设施，表达军人与建筑和雕塑方面的一些设计原则的关系。露天广场可以容纳200名观众，建在一处由碎石堆起的平台之上，同时也使花园和广场的位置得以抬高。它对坎普·马尔特（Campo Marte）（武装部队主要集结点）入口加以限定，经过合理的规划，恰好位于原有的一棵大树的树冠之下。

32块巨大的白色大理石，散布于花园之中。每块巨石形态各异，但重量和体积相同，几何形体源于纪念碑内部体积的划分。在这个广场景观中，这些巨石就好像是散布在国家领土上，对国家的政治体制和分区表达尊敬之意。最后，矗立的巨石，代表着墨西哥的每一个省份，雕刻着诗歌片断，这些诗歌与纪念碑的纪念时代相同，由相关省份本土作者所创作。

HOLOCAUST MEMORIAL
大屠杀纪念馆

Location: Atlantic City, NJ, USA
Design Company: Mark Travers Architect

地点：美国，新泽西州，大西洋城
设计单位：Mark Travers Architect

The proposal incorporates components representing universal and ubiquitous aspects of life. First, the "Fibonacci Series" (aka: "Golden Section"), a simple mathematic proportion found throughout nature and art. Second, the Double Helix occurs in all forms of life and thus symbolizes a common thread among the human race.

We wish to exhibit these components as the essence of beauty within all life, and to inspire consideration of human similarities rather than differences.

该项目的设计融入了各种设计要素，代表人类生活的各个方面。首先是斐波纳契数列，又称黄金分割，这是自然界和艺术界普遍存在的简单数学比例关系。其次，双螺旋线出现在各种形式的生命之中，代表人类所拥有的共同之处。

希望通过这些构成要素，表达生命美的本质，激发人们更多地考虑人类的相似之处，而不是去过分地关注差异与不同。

VIEW LOOKING N.E.
BOARDWALK
LEGENDS:
1. Double Helix / Reflecting pool / Eternal flame
2. Pre-cast concrete paving Fibonacci series pattern personal effects embedded
3. Wall with lead / copper and zinc applied.
4. Pre-cast concrete wall
5. Roof with plate steel soffit and green roof.
6. Benches by others.
7. Stainless steel cable guardrail
8. Column / downspout.
9. Up light.
PLAN
N
0 2.5 5 10 15
BOARDWALK
DOWNBEACH SIDE
WEST
EAST
NORTH
SOUTH

DIRECTIONS TO A GOOD RUM?
TURN LEFT AT CUBA.

SHARPEVILLE MEMORIAL GARDEN
沙佩威尔纪念花园

Location: Sharpeville, South Africa
Design Company: GREENinc Landscape Architecture
Team: Anton Comrie, James French

地点：南非，沙佩威尔
设计单位：GREENinc 景观设计公司
设计团队：安东·科姆，詹姆士·弗仁奇

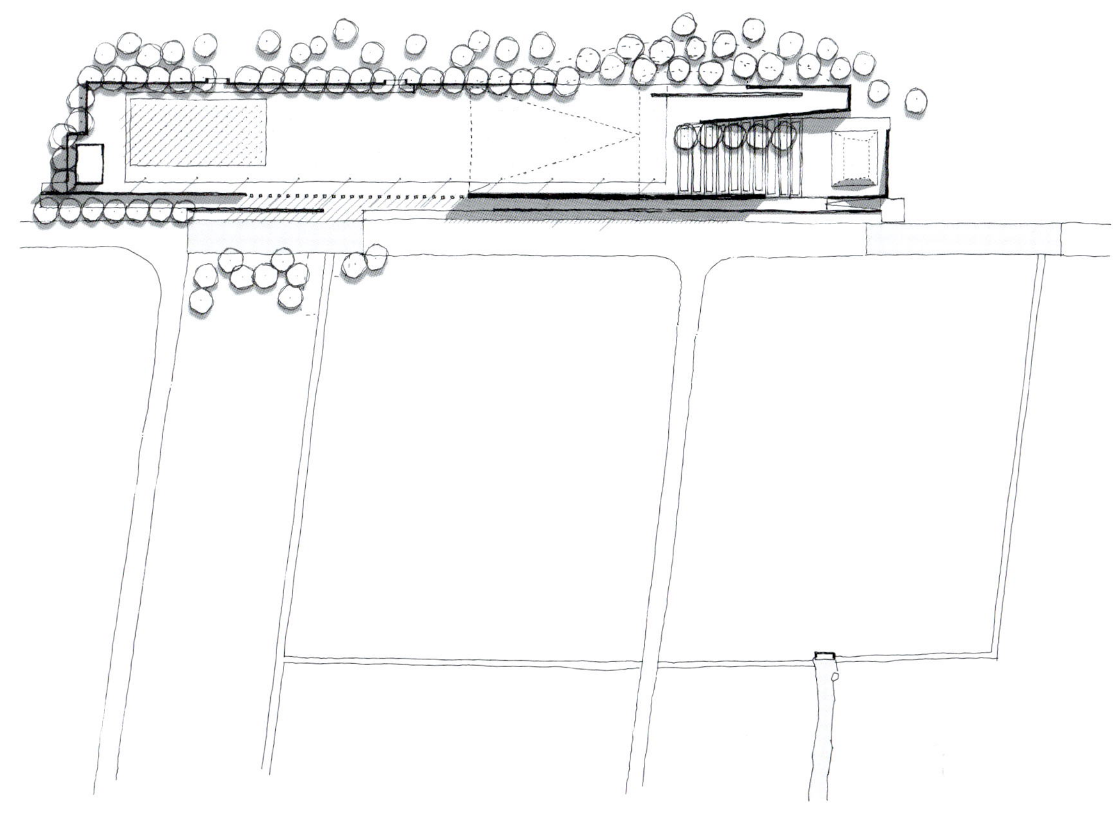

The Sharpeville Massacre also known as the Sharpeville Shootings occurred on the 21st of March 1960. 69 People were killed, including 8 women and 10 children. Over 180 were injured, including 31 women and 19 children. Many were shot in the back as they turned to flee. This event marked a turning point in South Africa's history and acted as a catalyst for the Resistance Movement which led to the fall of Apartheid in 1993.

The Sharpeville Memorial Garden is situated in the Phelindaba Cemetery (where the 69 graves of those killed are located) where it provides a place of remembrance and gathering for the local community. The project was conceived as a 'procession through the garden' based of the concepts of memorial, gathering and viewing. Key elements of the project are the Memorial Wall, Amphitheatre and Flowers.

The memorial wall, built from clay brick, has a skeletal row of raw-steel columns along its outer edge. Each column is topped with a granite flag. These steel columns are representative of people standing in a row, all facing the same direction. A planter in the top of the wall contains a Freylinia hedge with delicate white flowers which juxtapose the harshness of the steel and granite along the length of the wall.

Situated within the lawned space behind this wall, the 'flowers', a series of 156 unique vertical raw-steel poles each finished off with a black and white granite 'flower head', serve as a permanent bouquet of flowers laid on the memorial – akin to those left daily on graves in the cemetery.

Since the memorial is located in a cemetery where burials take place on a daily basis, it was important to include spaces for both small intimate gatherings (private memorial events), as well as large political events such as the gathering on Human Rights Day annually on the 21st March.

A lawned expanse gently slopes up along the northern side of the memorial wall and provides space for these larger gatherings, while the 'flowers' form a backdrop to the west. Backing directly onto this space, a smaller, more intimate amphitheatre, consisting of a series of lawned terraces looks out to a horizon dotted with power stations and industrial buildings characteristic of this area. A lawned plinth provides a backdrop to this smaller gathering space and the poem 'I Remember Sharpeville' by Sipho Sydney Sempala laser cut from steel hangs delicately from one of the enclosing walls.

The construction of the Sharpeville Memorial followed a 'raw building' process. All building work was done by hand and fine finishes were kept to a minimum. Clay brick and steel were left unfinished in order to provide the project with a unique and simplistic character. This aided in providing additional job opportunities and thus the impartment of knowledge and complex skills to the surrounding community.

沙佩威尔大屠杀，也称为沙佩威尔枪击案，发生于1960年3月21号。69人被枪杀，其中包括8名妇女和10名儿童。180多人受伤，其中包括31名妇女和19名儿童。许多人是在转身逃跑的时候，从背后被枪击的。这一事件成为南非历史的转折点，成为种族抵抗运动的催化剂，促使种族隔离制度于1993年废除。

沙佩威尔纪念花园位于费林达巴（Phelindaba Cemetery）公墓，这里埋葬着69位受害者，为当地社区提供了一处纪念和聚会的场所。根据纪念、聚会和观景要求，设计方案整体上把这个花园构思成一个“行进中的花园”。关键构成要素包括纪念墙、露天剧场和鲜花。

纪念墙由黏土制成，外缘有一排钢制立柱。每一根立柱的顶端安放有花岗岩旗帜。钢制立柱代表人，站成一行，都面向同一个方向。墙顶有种植容器，栽植烟管花（Freylinia），形成绿篱。精美的白色小花，排列在由钢和花岗岩组成的立柱上。

“鲜花”位于墙体后面的草坪空间内。这里，有156根独特的垂直粗钢立柱，立柱的顶端有黑白花岗岩塑造成的“花冠”造型，成为纪念花园里永久的花束，就像是白天人们留在公墓里的鲜花一样。

纪念花园位于公墓内，葬礼活动一般都在白天举行，设置聚会空间是非常重要的，包括小型亲友间的聚会空间（用于私人纪念活动），也包括大型聚会空间，用于举行大型政治活动，比如每年3月21日的人权日集会活动。

宽广的草坪沿着纪念墙的北边缓缓上升，为大型集会提供空间，位于西边的“鲜花”则构成一道背景。在这个空间的背面，有一个小型的、更具亲和性的露天剧场，由一系列的草坪台地组成。从这里可以远眺，发电厂和工程建筑点缀在天边，这是这一地区的特征。草坪底座构成这小型聚会空间的背景。西波·悉尼·赛姆帕拉（Sipho Sydney Sempala）的诗歌“难忘沙佩威尔”，采用钢材制作，以激光切割而成，优雅地悬挂在纪念墙体的一端。

沙佩威尔纪念花园采用“原始建造”方式。所有建造工作都采用手工进行，机械精加工内容降到最少。黏土砖和钢构件不加修饰，体现出一种独特、简洁的特征。同时，这项工作为周边社区提供了工作机会、传播了知识和综合性技术。

GILBERT MONYANE
DIED
03 - 1960

THEY DIED FOR
FREEDOM
LEST WE FORGET

The Freedom Park
自由公园

Location: Pretoria, South Africa
Landscape Architect: GREENinc as part of NBGM (Newtown Landscape Architects GREENinc Gallery Momo Landscape Architecture Joint Venture)
Architect: Office of Collaborative Architects (OCA)
Area: 150,000 m^2

地点：南非，比勒陀利亚
景观设计：NBGM 合资公司 GREENinc 分公司（NBGM 是由牛顿景观设计公司、格林景观设计公司、磨莫艺术画廊三家组成的合资公司）
建筑师：联合建筑设计公司
面积：150 000 平方米

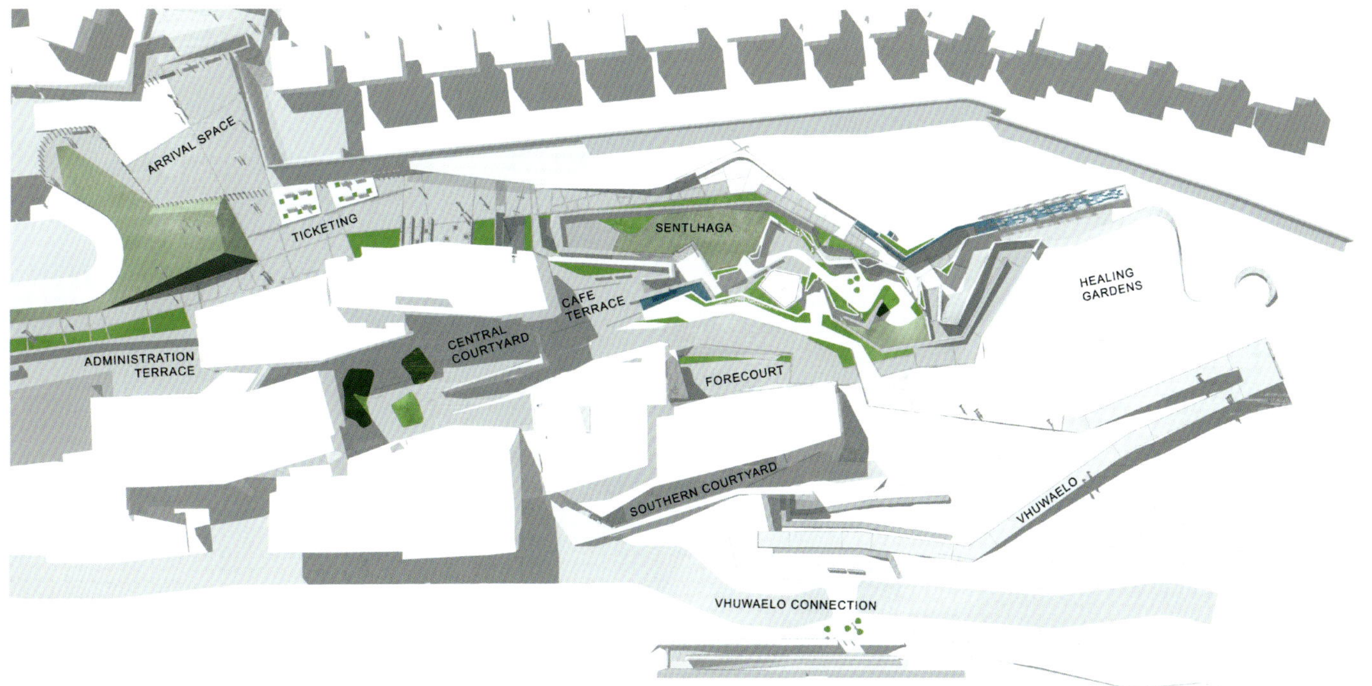

hapo is the Khoi word for dream. It is the name given to the newly opened museum at the prestigious Freedom Park in Tshwane, South Africa. The brief for the buildings and their landscape setting is rather complicated in its context but revolves around the idea of the Khoi proverb: //hapo ge //hapo tama /haohasib dis tamas ka i bo; translated to English as A dream is not a dream until it is a dream of the community. The park is a place of 'gardens' within the 'garden' of the Salvokop hill and, in turn, within the vast garden that South Africa is. Rather than a conventional monument of victory or victimhood, it encapsulates a vision which seeks to embrace all the people of South Africa in a project aimed at asserting and giving expression to an intensely felt need throughout the country to restore and amplify the long-denied African voice.

//hapo is the first point of arrival for the visitor to Freedom Park. It is here that the visitor begins their walk along the Vhuwaelo, a contemplative journey which spirals up the Salvokop hill, stringing together 'garden' spaces like beads on a necklace. //hapo is the first of these 'gardens', a landscape originally conceived as boulders and metamorphosed layers of rock that talk to the creation story.

Moving eastwards the visitor encounters the first of three core external spaces in //Hapo – the Garden of Indigenous Knowledge or the Healing Garden. An articulated channel of water leads the visitor into this quiet, contemplative space which gazes eastwards over the city towards the Union Buildings and a propitious future. As water and pathway merge, the visitor is encouraged to dwell and explore this simple space cut into the earth and engage with a rich tapestry of medicinal plants. Indigenous knowledge is an all-pervading aspect of Africa. Accordingly the use of medicinal plants in the garden and on Salvokop is extensive and selection and location of species to plant was guided by traditional healers who have extensive knowledge in this area.

The second of the core spaces, Sentlhaga (or children's garden), is held tightly between the Healing Garden and 'Boulders'. A series of cascading walls and terraces provide refuge for both plants and the child's imagination. Totems, animated water, open lawns and hidden pathways provide space for children to engage with the landscape and each other. A small grassed amphitheatre and rubberised surfaces provide further opportunity for caretakers and guides to convey concepts dealt with in the museum to the children (loose props will be used to assist with storytelling a traditional way of communicating in Africa).

As the visitor leaves the Healing Garden, s/he makes a 180° turn and heads back in a westerly direction towards the Boulders and the museum entrance. In this way, the visitor is not forced into a building upon entering the site but is allowed to first absorb and appreciate their context as they move slowly through the landscape, thus emphasising the 'garden' rather than the building as an important theme in the visitors' experience.

Because the museum was conceived as a series of epochs which should be interconnected, the Boulders needed to be clustered in a circular arrangement to provide for cross circulation between exhibits and story-telling spaces. This provided the opportunity for a Central Courtyard space, the third of the core external spaces, and the literal heart of //hapo. The space itself is simple, a uniform surface punctuated by mounds of abundant Savannah vegetation taking refuge in the protection of the Boulders. This simple resolution not only provides clear access lines to openings in each of the boulders, and the exhibits that lie within, but also establishes small and large spaces in and around the mounds where storytelling, dancing, gathering, and temporary exhibit can take place.

Because, both conceptually and programmatically, the spaces and places that make up the landscape of //hapo are considered as extensions of the Boulders (and museum), the appropriate selection of materials was critical. To this end, the red clay brick was selected as it opened up the possibilities for treating vertical and horizontal planes in a uniform manner, connecting the immediate landscape to the copper of the Boulders and the red soils of the hill. Rusted steel, timber, raw concrete finishes and low level lighting compliment and accentuate this palette, furthering the effects of the metaphor. Circulation routes, gathering spaces (covered and open-to-air), viewpoints and thresholds are cut into this 'clay-like' base, creating a series of ramps, terraces and enclaves, and in turn providing opportunity, in the cracks and crevices, for the vegetation of the hill to take root. And as this indigenous savannah vegetation of the north facing slopes moves down the hill, embracing //hapo, the Boulders, over the course of time, slowly, become one with the garden.

Exiting the museum at any one of the openings which break out onto various terraces and courtyards, the visitor may choose to take one of the many pathways that re-join the Vhuwaelo and continue their journey up the hill. As the pathway leaves //hapo to the east it leaves the ground itself in order to deal with the complexities of navigating a steep slope and to afford lovely vantage points of //hapo, Salvokop and the city.

It is at the intersection of pathways, ideas and complexities that opportunities, and design opportunities in particular, are most often found. As South African landscape architecture continues to engage and confront people about their perceptions of landscape and their place within it, the challenge remains to create exceptional spaces for people to inhabit, identify with and assign to value and meaning.

At the threshold between city and park, the 'gardens' of //hapo find themselves at such an intersection on so many levels ecological contrasts, economical differences, cultural richness and symbolism, intellectual debate and historical narrative.

In seeking to provide visitors with a real opportunity to find meaning in landscape, the designers pushed to move beyond simply naming arbitrarily placed objects in a landscape that are on some level hoped to be culturally relevant or accessible. Rather, by allowing the complexities of the site and the brief to guide the design, the process became an unfolding of the land to find its sedimentation and open up new possibilities to understanding and experiencing its hidden values. Through tracing its contours and cutting and moulding the landscape in a process much like carving a sculpture, new patterns gave rise to complex and contextually unique forms and spaces. Place making became a process of making these spaces comfortable, providing protection from the elements, providing opportunity for resting, moving, connection, gathering, playing, exploring, gazing, reflection, learning, etc. Ultimately, meaning and subsequent narrative becomes the product of interaction between person and person, people and landscape. Thought and emotional response are provoked through the unlayering of the richness of the landscape.

“哈坡”（hapo），在科伊语里是梦的意思。新建成的开放的博物馆，就是以这个单词命名的。这个博物馆位于南非茨瓦纳（原名：比勒陀利亚）著名的自由公园之内。博物馆的建筑设计和景观设计都很复杂，但是，其设计理念都是围绕着那句科伊语格言而展开的：“//hapo ge //hapo tama /haohasib dis tamas ka i bo”。翻译成中文是“梦想只有转化为公众意愿，才能成为真正的梦想”。这个公园堪称是萨尔沃克普山（Salvokop）这个大花园中的一个花园。在更广义的范围上，它又位于南非这个巨大的花园之中。与一般的公园不同，要么歌颂胜利者，要么纪念受害者，这个公园试图创造一种包罗万象的景观，涉及南非全体民众，表达一种强烈的感觉，让那久违的南非声音，重新恢复并加以发扬广大。

“哈坡”是游客到达自由公园的起点。从这里出发，沿着佛瓦洛（Vhuwaelo）步行，沿途沉寂静默。道路沿着萨尔沃克普山盘旋而上，与“花园”中的空间贯串在一起，就好像是项链上的珍珠。在此类花园中，“哈坡”是花园的起点。这里由巨石和岩石层组成的原始景观，向人们诉说着它们的来龙去脉。

东面是土著知识花园或者医疗花园，这是三个外部核心空间中的第一个空间。一道人工水渠把游客引至这个安静、沉思的空间。从这里，眺望东方，联合大厦和充满希望的未来映入游客眼帘。

随着水渠与道路合为一体，让游客的脚步在这里停下来，探索这个深入大地的简单空间，以及丰富的药草植物。土著知识是非洲的一大特色。花园中和萨尔沃克普山上，药草植物广泛种植，它的选种、种植位置，以及栽植密度，由传统医疗师给予指导，这些医疗师对这一地区的植物非常熟悉。

核心空间中的第二个空间，是儿童花园，位于医疗花园与巨石阵之间。一系列的阶梯式墙体和台地，为植物和儿童提供了良好的场所。各种不同的图腾形象、欢快的水流、开阔的草坪和掩影的小路，为儿童们欣赏自然以及玩耍，提供了极佳的空间。小型草坪露天剧场和橡胶地面，为那些照料儿童的人们提供了良好的机会，可以向孩子们传授在博物馆所见到的一些理念。在讲故事的过程中，可以采用各种不同的小型道具，这是非洲流传的一种传统交流方式。

参观完医疗花园之后，来一个180°的大转弯，调头向西走，来到巨石阵和博物馆入口。在这里，游客不是一进园就被强迫进入一座建筑之中，而是一边走，一边慢慢欣赏周围的景观，由此强调“花园”的重要性，而不是建筑。

博物馆中各个不同时代的展品能相互衔接。巨石阵呈圆形排列，在展览馆与讲故事空间之间提供横向通道。这就形成了一个中

央庭院空间，“哈坡”真正意义上的中心。空间很简单，整齐统一的地面上散布着大量的萨瓦纳植被，对这些巨石给予保护。这种简单的处理方法，可以为巨石间的空间，以及其中的展览空间，提供清晰明了的连接线。另外，围绕着巨石，还能够提供各种大小不等的空间。游客可以在这里讲故事、跳舞、聚会，以及举办各种临时性的展览。

构成“哈坡”景观的空间和场所，都经过了概念性的、系统性的规划。从某个方面来看，这些空间都是巨石阵（和博物馆）的延伸，所以，材料的选择就非常关键。鉴于此，选用红色黏土砖作为建筑材料。采用这种砖，能够以一种统一、开放的方式，处理各种水平面和垂直面，与巨石铜色景观和山地红色土壤建立起直接的联系。生锈的钢构件、木材、粗糙的混凝土饰面，以及低矮的照明设施，进一步强化了比喻效果。环形通道、聚会空间（有覆盖的空间和开放空间），以及视点和入口，都嵌入“黏土似”的基础之中，形成一系列

的斜坡、台地和飞地。这些要素之间所形成的裂缝和空隙，为山上植物的扎根生长提供了良好机会。随着时间的推移，山上北坡的植被顺势而下，与哈坡公园和巨石阵，慢慢形成一个整体性的花园。

从博物馆出来，游客进入一片台地和庭院之中，可以从中选择任意一条道路，进入佛瓦洛，然后继续登程上山。道路离开“哈坡”向东延伸，通向一片陡峭的山坡，在这里可以远眺萨尔沃克普山和这座城市。

在道路交口处，会看到多种多样的理念和要素，特别是设计要素。在南非，景观设计师所创造出的各种景观感觉和场地特征，总是与人的活动密切相关。因此，有必要创造一种额外的空间，供人们停留、识别，并赋予其意义和价值。

在城市与公园的交界处，各种不同的要素相互交织在一起，包括生态对比、经济差异、文化的丰富程度和象征意义、知识争论和历史记载等。

为了给游客创造一个寻求景观真实含义的真正机会，对于景观中各种物体的命名，不是随意的，而是有意识地与文化相关联。实际上，是对场地历史文化积淀的挖掘与阐释。像雕塑那样，通过对场地景观的描绘、切割和再塑，创造出独特的、与场地环境相适应的形态和空间。场地营造，演化为各类舒适空间的创建过程，通过各种要素的保护，提供多种多样的活动空间，包括休息、通行、联络、聚会、玩耍、探险、观赏、沉思以及学习等。最后，景观所蕴含的各种含义以及随之而来的叙事性效果，成为人与人之间、人与景观之间相互交流的结果。通过对景观丰富度的层层理解，激发了人们思想和情感上的反应。

BUNKER 599
599 掩体项目

Location: the Netherlands

Design Company: RAAAF | Atelier de Lyon

地点：荷兰

设计单位：RAAAF | Atelier de Lyon

In a radical way this intervention sheds new light on the Dutch policy on cultural heritage. At the same, it makes people look at their surroundings in a new way. The project lays bare two secrets of the New Dutch Waterline (NDW), a military line of defence in use from 1815 until 1940 protecting the cities of Muiden, Utrecht, Vreeswijk and Gorinchem by means of intentional flooding.

A seemingly indestructible bunker with monumental status is sliced open. The design thereby opens up the minuscule interior of one of NDW's 700 bunkers, the insides of which are normally cut off from view completely. In addition, a long wooden boardwalk cuts through the extremely heavy construction. It leads visitors to a flooded area and to the footpaths of the adjacent natural reserve. The pier and the piles supporting it remind them that the water surrounding them is not caused by e.g. the removal of sand but rather is a shallow water plain characteristic of the inundations in times of war.

New Dutch Waterline becomes a landscape park for the 21st century at the East side of the Randstad (80 km)

The sliced up bunker forms a publicly accessible attraction for visitors of the NDW. It is moreover visible from the A2 highway and can thus also be seen by tens of thousands of passers-by each day. The project is part of the overall strategy of RAAAF | Atelier de Lyon to make this unique part of Dutch history accessible and tangible for a wide variety of visitors. Paradoxically, after the intervention Bunker 599 became a Dutch national monument.

这个项目，从根本上为荷兰文化遗产保护政策带来了新的阳光。它承载着新建“荷兰水防线”的两个秘密，一是军事防卫线，二是城市保护设施，包括默伊登（Muiden）、乌得勒支（Utrecht）、弗莱斯维赤特（Vreeswijk）和霍林赫姆（Gorinchem），通过有意识的泄洪，对这些城市进行保护。从1815年建成投入使用开始，一直持续到1940年。

看起来坚不可摧的纪念式掩体，被从中间切开。该设计把“荷兰水防线”上700座掩体中的一座打开，让细微的内部结构展现出来，一般情况下，掩体的内部是完全看不到的。此外，一条长长的木栈道穿过这个极为沉重的建筑结构，把游客引至洪泛区和邻近自然保护区的小路上。被柱墩支撑的这段栈道提醒着前来参观的人们，围绕在他们周围的水域不是通过移除沙滩这种人工建造的方式所形成的，而是战争时代留下的特有的浅水区平原。

这个被切开的掩体，成为“荷兰水防线”上极具吸引力的游览胜地。从A2高速公路上，可以远远地望见它，而且，每天还会有成千人万的路人从这经过。这是总体规划的一部分，对于这段独特的荷兰历史，来自世界各地的游客都可以接近它、触碰它。出人意料的是，RAAF/Atelier de Lyon设计的599掩体项目完成之后，成为荷兰国家历史文物。

NYC AIDS MEMORIAL PARK
纽约艾滋病纪念公园参赛方案

Location: New York, USA
Landscape Design: ESTUIDOOCA

地点：美国，纽约
景观设计：Estuidooca 设计公司

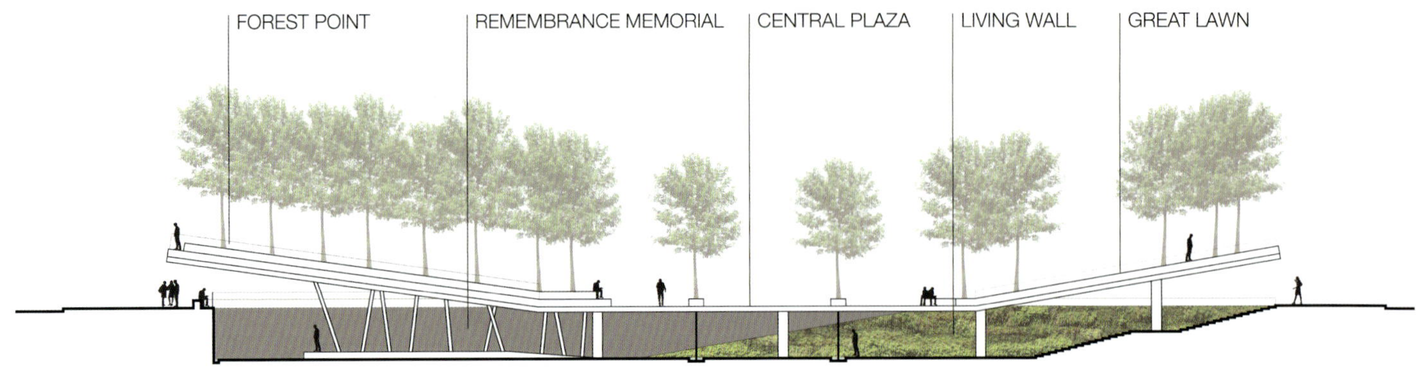
FOREST POINT
REMEMBRANCE MEMORIAL
CENTRAL PLAZA
LIVING WALL
GREAT LAWN

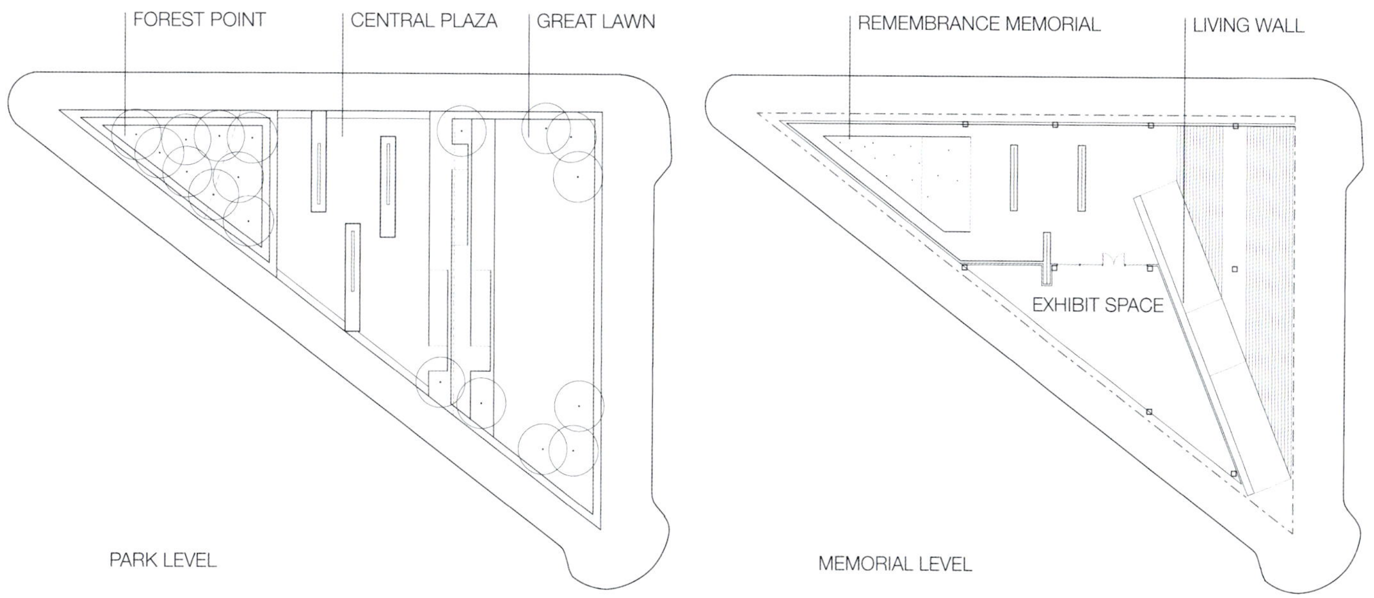

The indiscriminate spread of HIV and AIDS in the early 1980s devastated this thriving urban community. Significant communication barriers caused by stigma and the unknown exacerbated the problem. Our NYC Remembrance Memorial symbolizes the eradication of these barriers while paying homage to past and present victims of this disease, their friends and their families, and all of those who stood up for the long fight.

This small, triangular site has been overlooked and under-used. Located in Greenwich Village's Historic District, it is at a major crossroads where cars, bicyclists and pedestrians constantly move around its closed-off perimeter. At one time a vibrant movie theater, the current facility is a physical and visual barrier which isolates the interaction between the three streets and the public realm. This new public space sets the stage for future collaboration and use by local NYC artists and educators, becoming a crucial connecting point for this healing process. By transforming into a community inspired park and memorial, the site is re-invented as a beacon of hope and light.

The solution consists of three elements: the Green Plaza at street level, the Living Wall Corridor and the Remembrance Memorial. The Green Plaza is a civic space that creates a healthier neighborhood by providing a beautiful place to gather and share. It will host events which encourage community participation, such as music festivals, movie screenings, farmers markets, and playful water features for children. Both ends of the plaza gracefully slope upwards to the sky, providing amphitheatre seating, while shielding this oasis from the chaotic surrounding traffic. This street level plaza offers transparency and open dialogue between a collaboration of people, reflecting the fluid participation and interaction that this project will bring to this neighborhood.

The Living Wall Corridor funnels curious individuals down a long ramp to the site of the Remembrance Memorial. The lush flora of different colors and textures along this wall brings to mind renewed life, love and spirit. The journey through this corridor is a transformative passage from the hustle and bustle of everyday life into the presence of thought.

Both sides of the Public Plaza gracefully glide upward, allowing natural daylight and fresh air to filter through the below-grade Remembrance Memorial. The visitor meanders through a maze of water walls, along a floating walkway. Over 100,000 vertical streams of water reflect the continued spirit of so many lives lost to this disease. At the end of this water walkway sits a triangular, meditative space. It is a serene and tranquil environment for thought and contemplation while providing visual connection to the outside world. A forest of columns

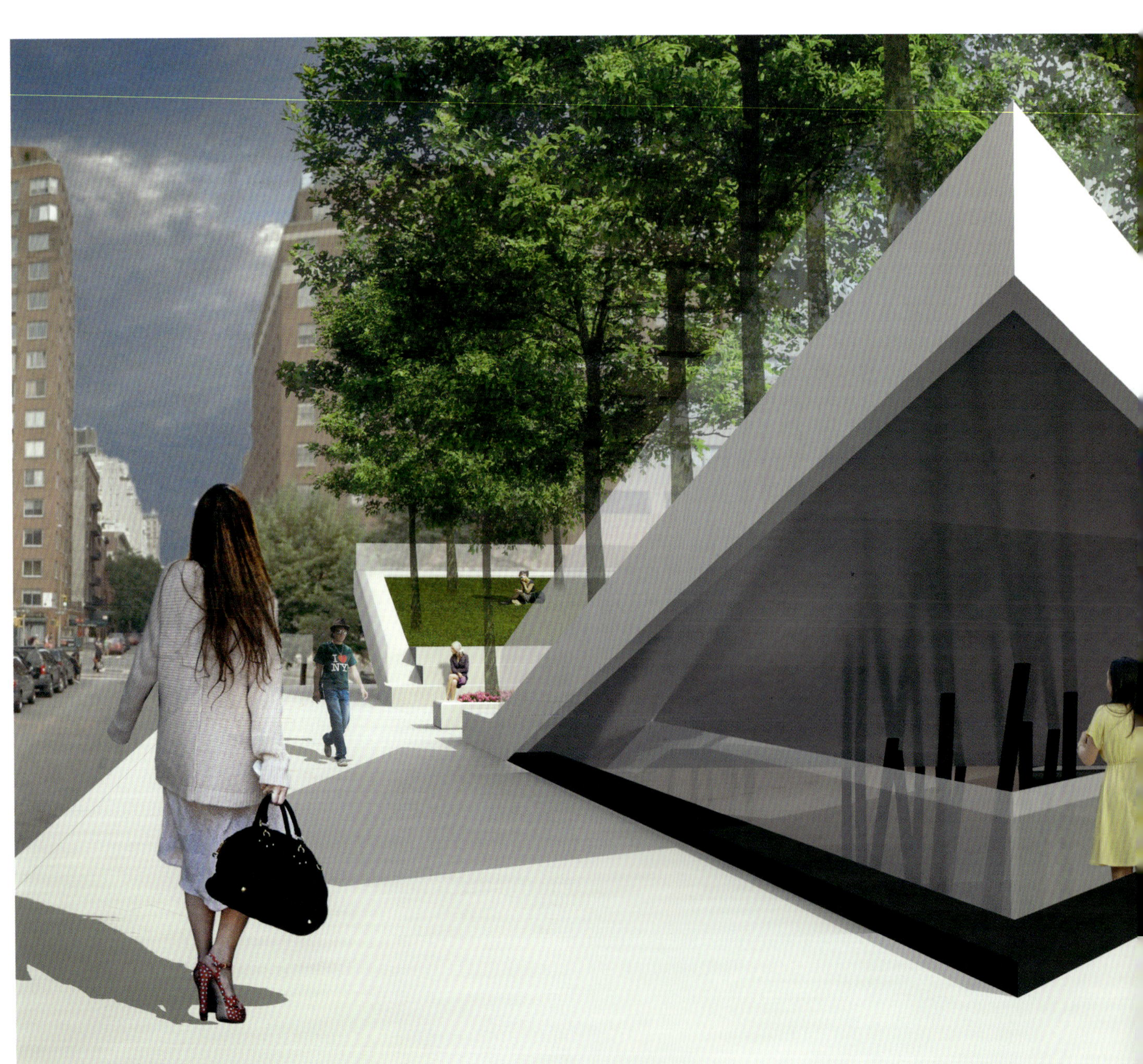

grows through the floating floor, representing strong community roots. The sound of water drowns out city noise, bringing attention to the moment in time.

This project embraces this neighborhood for what it has experienced, eliminating a barrier to progress and hope. This open space offers the generosity of spirit for individuals and the community for which it supports.

20世纪80年代初期，艾滋病毒和艾滋病的广泛传播，对城市的繁荣造成了严重的影响。由于患者感到羞耻以及其他一些未知因素的原因，造成严重的交流障碍，使这一问题更加恶化。在该项目的设计方案中，这些障碍得到彻底根除。同时，对那些已经去世的或正在患病的艾滋病患者、他们的朋友和他们的家庭，以及长时间给予他们支持的所有人，表达了深深的敬意。

这块面积很小、三角形的场地，长期以来一直被忽视，没有得到充分利用。它位于格林威治村历史性街区的一个主要交通路口。在这里，小汽车、骑自行车的人和行人，经常在这个封闭空间的边缘转来转去。有一段时间，这里曾经是一个令人震撼的电影院。而如今的设备设施，切断了三条街道和公共领域之间的联系，形成一种视觉障碍。新设计的公共空间，为未来纽约当地的艺术家和教育工作者的合作与使用，创建了一个良好的舞台，成为一个关键的社区连接点。通过把它改造成一个富有活力的社区公园和纪念公园，这块场地重新获得新生，成为希望之塔、光明之塔。

设计方案由三大部分组成：与街道持平的绿色广场、植物墙体走廊和追忆纪念碑。绿色广场是一块城市空间，漂亮美观，供人们集会、交流，创造出更加健康的邻里社区。这里可容纳多种社区活动，比如节日音乐会、电影播放、农产品市场，以及供孩子们玩耍的水景等。广场两端有向上倾斜的斜坡，有露天剧场所用的座椅，

使这块绿洲与周边喧哗的交通相隔离。这个街面广场，为人们提供了一个公开透明的交流场所，也正是这个项目所要带给社区的自由参与和互动这一目的的完美实现。

植物墙体走廊，通过一条隧道，把好奇的人们向下引到一条长长的匝道，来到追忆纪念碑前。沿着墙体生长繁茂的各种不同色彩和质地的植物，使人们对生命、爱和精神，获得重新认识和体验。这条走廊是一条不断变化的通道，从喧哗扰攘的日常生活，进入一片宁静沉思之地。

追忆纪念碑广场两侧缓缓向上提升，自然光线和新鲜空气，可以穿过下面的追忆纪念碑。游客沿着一条漂浮的步行道，蜿蜒地穿过一道由水墙组成的迷宫。10多万条垂直水流，代表着众多的人们因这种疾病而丧失生命。 水道末端，是一块三角形的沉思空间。这里安静祥和，可以进行沉思默想，同时与外面的世界又有视觉连通。一系列的立柱组成的树林，透过飘浮的地板生长出来，代表强烈的社区根源。水流之声淹没了城市的喧闹声，把人们的注意力暂时集中到这个场所。

这个项目充分地体现了社区的经历，消除了发展与希望的障碍。这块开放空间表现了某种慷慨大度的精神，既适用于个人，又适用于它所支撑的社区。

INFINITE FOREST
无边森林——纽约艾滋病纪念公园获胜方案

Location: San Francisco, USA
Design Company: studio a+i
Team: Mateo Paiva, Lily Lim, John Thurtle, Insook Kim, Esteban Erlich

地点：美国，旧金山
设计单位：a+i 工作室
设计团队：马泰奥·派瓦，林世丽，约翰·特特尔，因素克·吉姆，埃斯特万·艾里

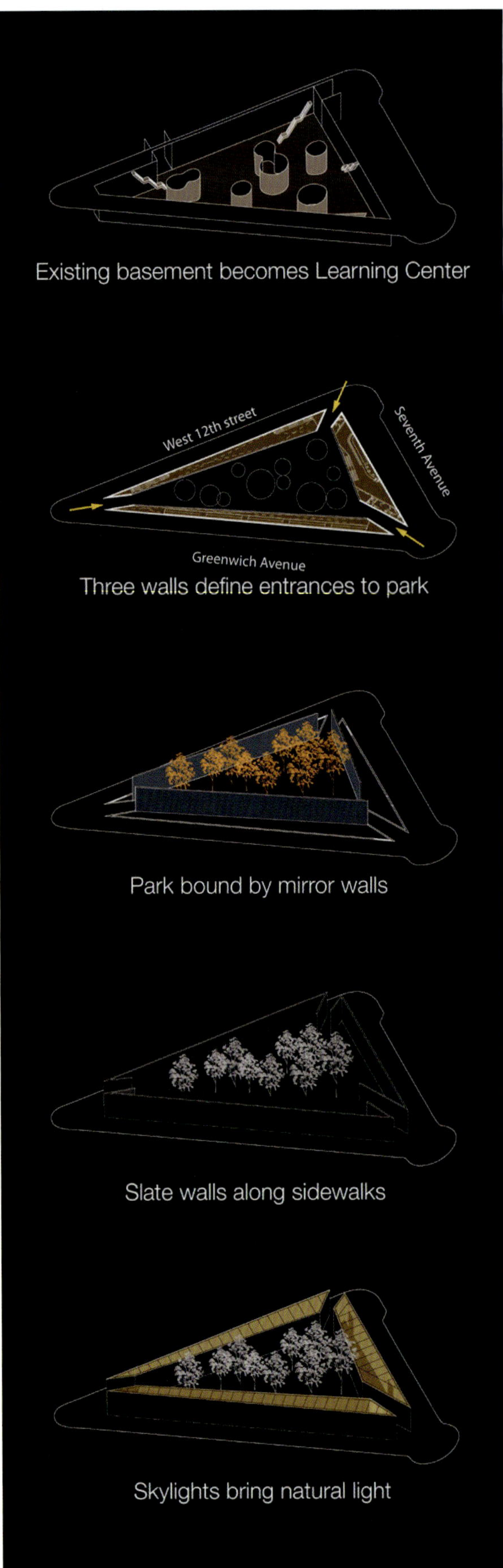

The Memorial

The act of memorializing the AIDS epidemic with a physical gesture goes beyond remembering and honoring the dead. AIDS is not a war, nor a disease conquered. There are no definite dates or victims. In our design process, we emphasize the changing and varied ways through which AIDS affects us personally and as a society. It is important to create a space that conveys our sense of solemn respect, remembrance and loss, without resorting to symbolism around a date, image, or names.

The Park Inside

An infinite forest, generated by having 3 facing mirror walls along each side of the triangular block, defines the park and the memorial. There are no separate statues, sculptures or plaques. The memorial lives within the infinite reflection of the white birch trees. We hope this park will be all things to all people: the children playing in the bounds of the mirrored forest, the weary commuter seeking a respite in the midst of the city and those visitors coming in memory of their loss.

The In-Between Center

The walls isolating the park from the city act as light wells and access to the Learning Center below. By bringing sunlight into the basement via skylights, the raw utilitarian space can be transformed into a welcoming and open area for exhibition, learning and performance. The walls also taper in width, housing stairs and ramps. The main entrance is located along Seventh Avenue, continuing the now lost storefront and bringing pedestrian activity to the street through the inclusion of a bookstore and café.

The Outside

Along the sidewalks, three walls clad in slate create a forum for the voice of many. Through an ephemeral nod to the chain link fence at Greenwich and 11th Street, visitors are able to give life to the stone walls through messages and images written in chalk, creating an ever-changing mural which is refreshed with every rain.

纪念公园

用行动对流行性疾病艾滋病进行纪念，远超出了对死者的纪念与尊重。艾滋病不是一场战争，也不是一种已经被征服的疾病。没有确切的时间和确定的受害者。在整个设计过程中，特别突出强调艾滋病对个人和社会影响的这种不确定性和变化情况。重要的是要创造一个空间，表达我们对艾滋病患者的尊重、纪念与同情，而不是采用象征性手法，局限于某一个时间点、某一幅图像或者某一个名字。

公园内部

三角形地块的每一条边上，面对面地设置三道墙体，墙体由镜面组成，形成公园空间，构成一片无边森林。没有雕塑和其他雕刻制品。纪念活动在白桦树无边的荫凉下进行。希望这个公园能够满足各种不同人群的不同需求。儿童可以在镜面森林边缘玩耍，疲惫的上班族可以在城市的中心地带找到一块暂时休憩之所，前来纪念失去亲人的游客也可以在这里得到暂时的放松，获得片刻的宁静。

两个中心之间的空间

三道墙体把公园与城市分离，其作用就像是光井，并与下面的学习中心相通。通过天窗把光线引入地下室之后，实用的天然空间就被改造成了备受欢迎的开放空间，该空间可以用于展览、学习和表演。墙体的宽度逐渐变窄，有台阶和匝道。主入口位于第七大街，把这一地段曾经消失的沿街店铺重新恢复，开设书店和咖啡馆，使行人可以到街面上活动。

外部

沿着步行道，三道用石板包被的墙体，创造出一个公共讨论区。通过一个很短的节点，这个节点用铁丝网与格林威治大街和第11大街连接，游客可以在石墙上展现生活，可以用粉笔书写或者作画，创造出不断变化的壁画，雨水过后又可以重新绘制。

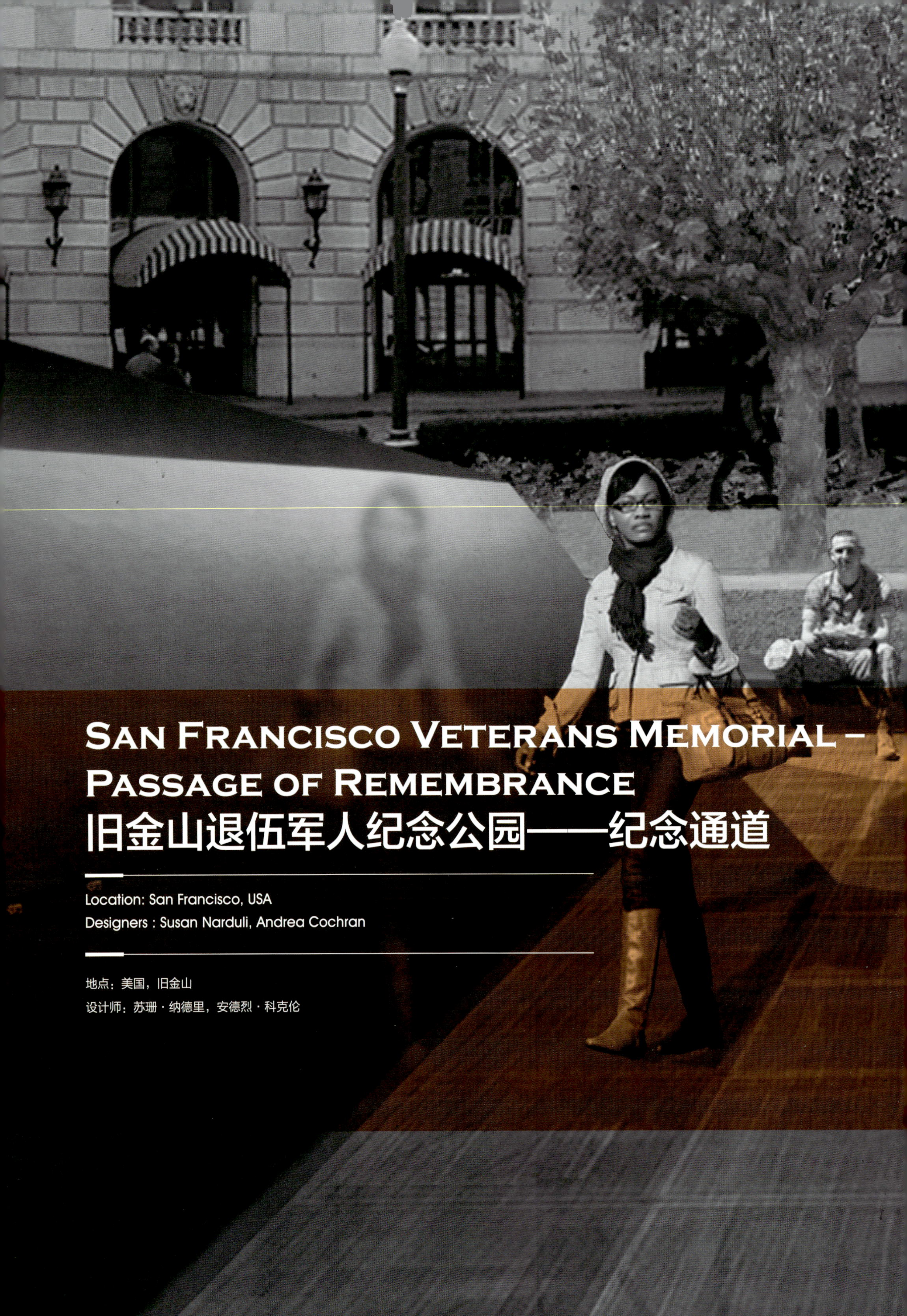

SAN FRANCISCO VETERANS MEMORIAL – PASSAGE OF REMEMBRANCE
旧金山退伍军人纪念公园——纪念通道

Location: San Francisco, USA
Designers : Susan Narduli, Andrea Cochran

地点：美国，旧金山
设计师：苏珊·纳德里，安德烈·科克伦

This project begins with the earth of foreign battlefields and with memory.

For half a century, the octagonal lawn in Memorial Court has served as a little-known repository of earth from lands where Americans fought and died. On this same site, an octagon of faceted planes of stone will hold that earth and bear witness to the sacrifice of those men and women.

This memorial is a moment within a process. We don't know what our military will face in the future and what will be expected of us as a nation. The octagon is designed to receive newly consecrated earth. The soil itself, veiled from sight behind the polished stone, will settle into our own American earth, as the memory of battle filters into our communal understanding.

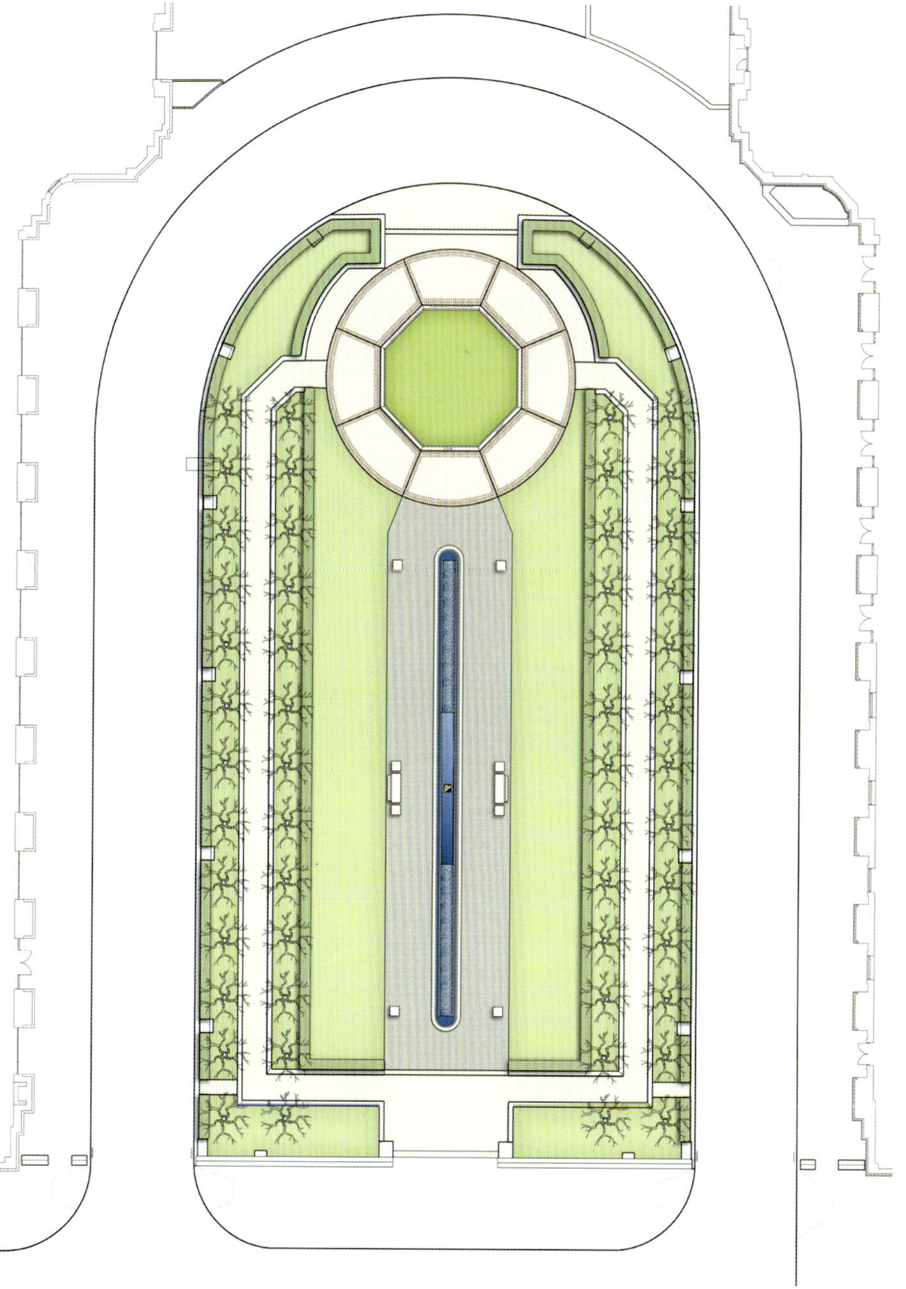

At the entrance to the Memorial, a dedication is inscribed in the stone:

Within this octagon of stone, remembered earth from battlefields where Americans fought and died. Here, we bear witness to their sacrifice. The people of San Francisco dedicate this memorial to our nation's veterans in honor of their service.

11 November 2013

You enter the memorial on a suspended woven metal path that wraps the octagon. At the first of two pools that circumscribe the octagon, the path begins its gentle slope downward into the earth, a departure from the workaday bustle of the Civic Center. This is a place for silence.

The slope establishes the form of the memorial, sheltered from the surrounding urban activities but open, fully visible from the pedestrian concourse. Soon, a passage cut through the octagon is revealed, a departure from the civilian world. Here the consecrated earth is held.

Passage of Remembrance

The walkway through the memorial floats above the sloping planes of the Reflection Pools. Made of open weave metal mesh, you are made aware of the water beneath you as it flows from the upper pool to the lower pool through the Passage of Remembrance. The footsteps of those that pass will echo slightly, as their sound is reflected by the stone below.

As you arrive at the Passage of Remembrance, the rough basalt planes of the octagon transition to a high polish. These walls capture reflections as one walks through. Here, behind removable panels of polished stone, the consecrated earth from battlefields where Americans fought and died is held.

On the west wall, there was a poem by World War 1 veteran, Archibald MacLeish. The east wall is blank, save a thin reveal cut in the stone for placing remembrances.

"THE WILLINGNESS WITH WHICH OUR YOUNG PEOPLE ARE LIKELY TO SERVE IN ANY WAR, NO MATTER HOW
PROPORTIONAL TO HOW THEY PERCEIVE THE VETERANS OF EARLIER WARS WERE TREATED AND APPRECIATED BY THEIR NATION."

THE SACRIFICES OF ALL THOSE WHO FOUGHT SO VALIANTLY, ON THE SEAS, IN THE AIR, AND ON FOREIGN
OUR HERITAGE OF FREEDOM, AND LET US RE-CONSECRATE OURSELVES TO THE TASK OF PROMOTING AN ENDURING
PEACE SO THAT THEIR EFFORTS SHALL NOT HAVE BEEN IN VAIN."
- PRESIDENT DWIGHT D. EISENHOWER, 1954 VETERAN'S DAY PROCLAMATION

Memorial Court Landscape

The landscape extends the influence of the memorial into the larger civic space. The Central Lawn gently slopes towards the memorial, a subtle shift in elevation that re-focuses one's attention towards it. In keeping with the historic Beaux Arts architecture and the spatial relationships of Thomas Church's design, the central lawn is left open, defined by perimeter trees and hedges. But this edge is re-imagined as a cut in the earth, with rammed earth seat walls that express a tactile sense of the consecrated earth in the memorial.The walls provide much needed seating for daily use and quiet contemplation. Removing the western hedge creates an inviting gesture toward the Memorial and a longer view to City Hall.

Memorial Court Lighting Design

The lighting design preserves the original historic fixtures that light the walk along the perimeter of Memorial Court. Recessed lights at the sides of the Central Lawn bring low level illumination to the area. At the Memorial, lighting at the Reflection Pools highlight the water as it ripples over the planes of stone. The Passage of Remembrance is lit from below. Washing over the inclined stone, the line of light will be clearly visible from both the Civic Center and the garden.

Reflection Pools

The Reflection Pools circumscribe the octagon, maintaining the symbolism of the Thomas Church design. But here, the concrete circle becomes a flowing plane of water sloping from street level to the garden. The water is a symbol of the spilt blood of the consecrated earth within the memorial. But in the Reflection Pools, the water's surface washing over the polished stone will capture the everchanging sky, a metaphor for hope and transformation.

项目从来自国外战场上的土壤和对那些战争的回忆开始。

半个世纪以来，纪念广场上八角形的草坪，一直是一个不知名的土壤存放处，这些土壤来自美国人曾经战斗和牺牲的国家。在这同一块场地上，带有许多小平面的八角形的巨石，将用于安放这些土壤，纪念那些为国家做出牺牲的男女英雄们。

这个纪念公园是动态变化的。人们不知道未来军队会面临什么样的情况，也不知道国家期望他们做些什么。八角形的巨石，将用来接纳新近运来的土壤。土壤本身掩藏在抛光石块表面之下，会慢慢沉入美国的土壤之中，就像战争的记忆融入他们的社会生活之中那样。

在公园入口处的一块巨石上，雕刻着下列铭文：

在这块八角形的巨石上，存放着纪念性的土壤。这些土壤来自美国人曾经战斗和牺牲的战场。对于他们所做出的牺牲，我们充当见证人。旧金山人建造这个纪念公园，是对全国的老兵为国家所做出的贡献，表达崇敬之情。

2013年11月

游客可以通过一条由钢绳编织而成的悬浮小路，进入这个纪念公园。这条小路把这块八角形的巨石环绕起来。八角形的巨石周围，有两个池塘。在第一个池塘处，小路开始慢慢向下倾斜，与地面相接，远离城市中心的喧嚣。这是一个用于静默沉思的场所。坡道构建出纪念公园的基本形态，遮挡了周边的城市活动，但却是开放的，行人完全能够看到。之后，穿越八角形巨石的一条通道，展现在人们眼前，从这里可以进入平凡的世界。神圣的土壤就保存在这里。

纪念通道

穿越公园的步行道，漂浮在倒影池倾斜的平面上。这条漂浮的道路由金属网编织而成，上面有孔。当水流从高处的池塘穿过纪念通道，流向低处的池塘时，你会感到水的存在。通道上的台阶，在步行通过时会发出淡淡的回声，这种回声又被下面的石块反射回来。

当你走近纪念通道，八角形巨石粗糙的沥青表面，变得异常光滑。当有人在通道上行走时，这些墙体可以捕捉回声。在这里，在可移动的抛光石板后面，来自于美国人曾经战斗和牺牲的战场上的神圣土壤，就存放在这里。

在西边墙体上，雕刻着一首诗歌，是由第一次世界大战老兵阿奇博尔德 · 麦克利什创作的。东墙是空白的，有一道很浅的贴面槽，用于放置纪念品。

纪念广场景观

纪念公园影响到更大的城市空间。中央草坪缓缓向纪念碑倾斜，高度上的轻微变化把人们的注意力吸引过来。为了与布杂艺术建

筑和托马斯教堂保持良好的空间关系，中央草坪呈开放状，边界种植树木和篱笆。但是对这些边界进行了重新造型处理，构成素土夯实墙体座位，让游客感触纪念公园中神圣的土壤。这些墙体座位的设置非常必要，白天，人们可以坐在上面静默沉思。把西边的篱笆去掉，纪念碑更容易为人们所看到，通向市政厅的视野得以延长。

纪念广场照明设计

纪念广场周边原有的历史性的道路照明设施，被予以保留。中央大草坪边上的嵌入式照明设施，光线很弱。纪念公园内部，倒影池的灯光对水井起到强化作用，涟漪荡漾在石块铺成的平面上。纪念通道采用地下照明。光线从倾斜的石块上倾泻下来，从城市中心和花园都能够清晰地看到。

倒影池

倒影池限定了八角形巨石的范围，保留了托马斯教堂的设计特征。但是，在这里，混凝土结构变成了一个漂浮的平面，从街面慢慢倾斜通向花园。水象征着血液从纪念公园神圣的土壤中流出。但是，在倒影池中，对抛光石块进行冲刷的水面，捕捉住变化万千的天空，象征着希望与转变。

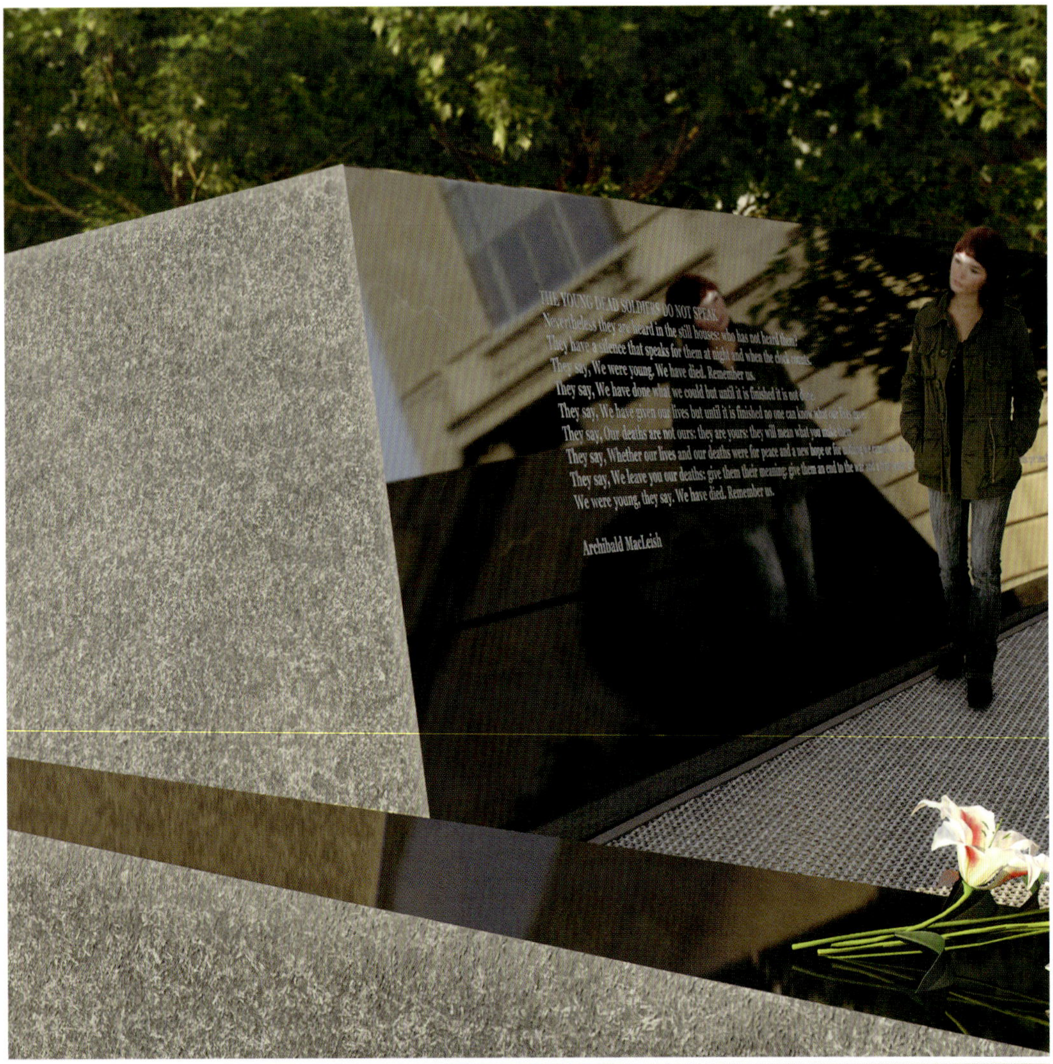
THE YOUNG DEAD SOLDIERS DO NOT SPEAK
Nevertheless they are heard in the still houses: who has not heard them?
They have a silence that speaks for them at night and when the clock counts.
They say, We were young. We have died. Remember us.
They say, We have done what we could but until it is finished it is not done.
They say, We have given our lives but until it is finished no one can know
They say, Our deaths are not ours: they are yours: they will mean what you
They say, Whether our lives and our deaths were for peace and a new hope or for
They say, We leave you our deaths: give them their meaning: give them an end to the
We were young, they say. We have died. Remember us.
Archibald MacLeish

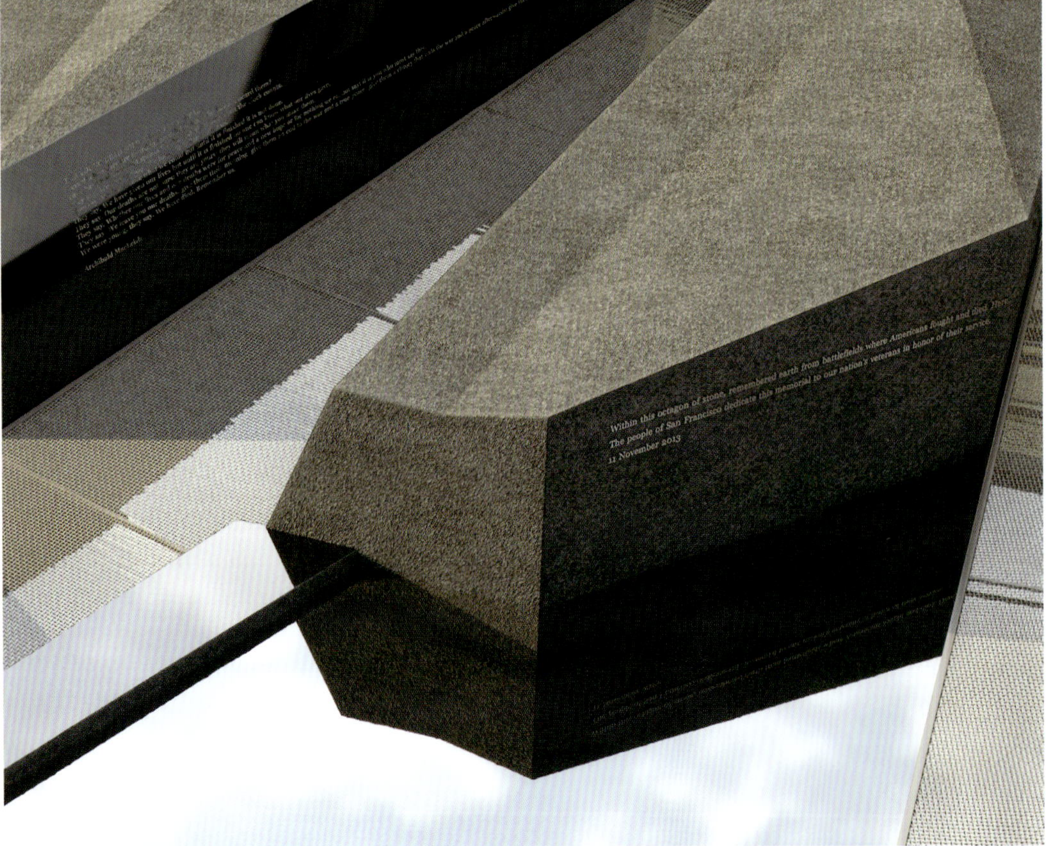

Within this octagon of stone, remembered earth from battlefields where Americans fought and died. Here
The people of San Francisco dedicate this memorial to our nation's veterans in honor of their service.
11 November 2013

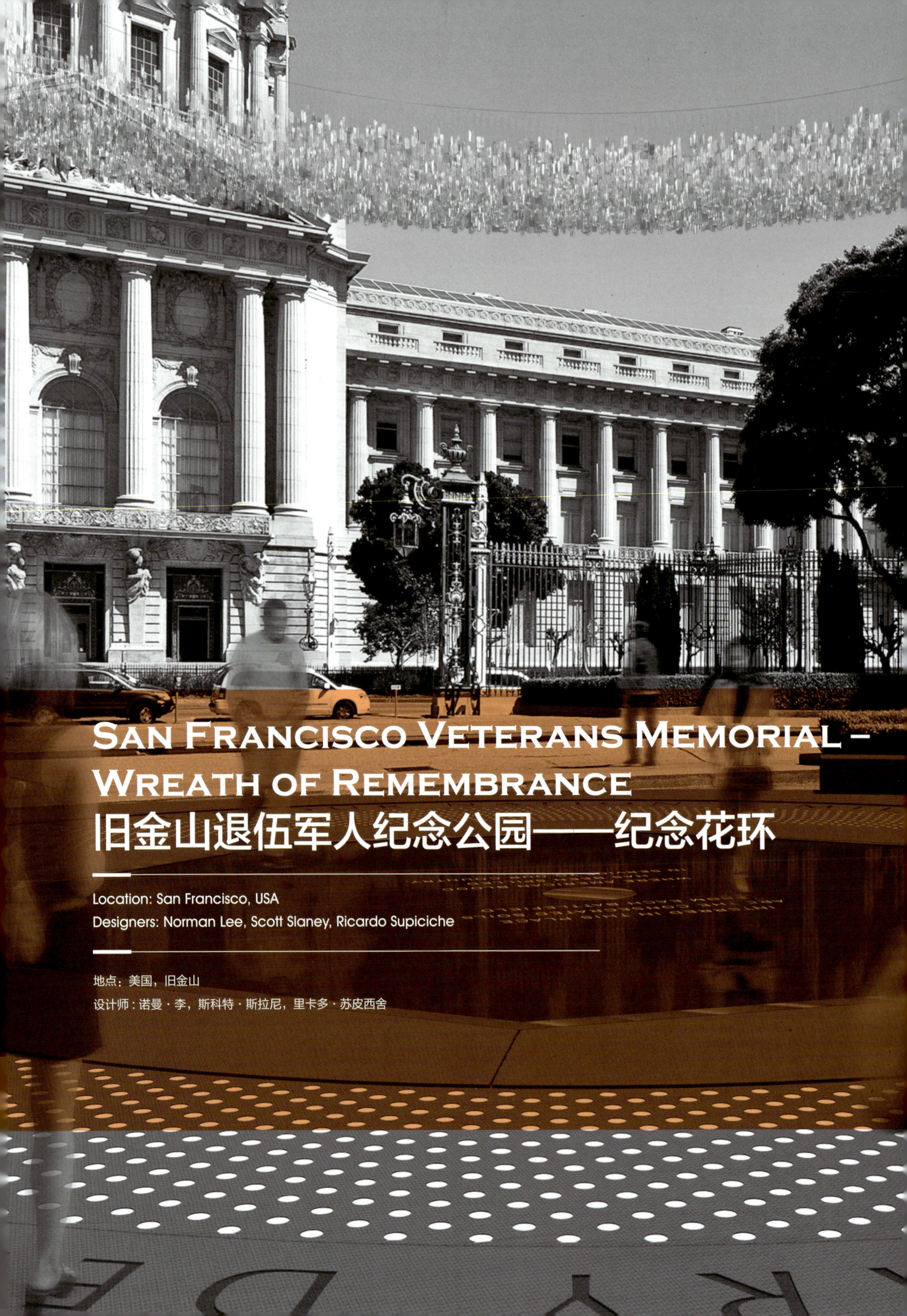

San Francisco Veterans Memorial – Wreath of Remembrance

旧金山退伍军人纪念公园——纪念花环

Location: San Francisco, USA

Designers: Norman Lee, Scott Slaney, Ricardo Supiciche

地点：美国，旧金山

设计师：诺曼·李，斯科特·斯拉尼，里卡多·苏皮西舍

The memorial concept is inspired by the transcendent form and symbolism of a wreath. For many cultures, wreaths represent notions of eternity, continuity, and memory. Within military history, wreaths carry special layers of meaning: victory, bravery, peace. In the military tradition of wreath-laying ceremonies, this reverent gesture marks sacred ground. A suspended wreath eternally embodies this ritual of remembrance.

In this landmark tribute to our nation's veterans, a sculptural wreath of military dog tags hovers above the Memorial Court. Not touching the landscape below, the suspended wreath creates a powerful gesture that marks the sacred ground containing the interred soils from battlefields across the world. The wreath defines a powerful place for contemplation and memory through archetypal symbolism and pure sculptural form. The gilded representation of dog tags transforms these functional objects into resonant icons, which echo the architectural elements of City Hall and the Memorial Court gates.

Shifting between figuration and abstraction, the dog tags that compose the wreath are simultaneously experienced separately and as a group. This duality honors both individual and collective sacrifice within American military tradition. Individually, the dog tags powerfully personalize our nation's veterans throughout history, bridging the past and the present. As a unity, the dog tags coalesce into a poignant constellation of remembrance. The ring-shaped form of the wreath embodies continuity, collapsing time and space to connect current service members with those who have served before.

The wreath is illuminated from a circular plaza of granite below, which preserves the original octagon of Thomas Church's design as the articulated centerpiece. The memorial's dedication encircles the outer edge of the plaza. Within this circle, the plaza is perforated by individual points of illumination, creating an annular pattern of light that corresponds to the shape of the wreath. At the center lies an embedded steel capsule, a resting space for the interred soils, interpreted with glass text. The octagon's granite surface is awash in a thin membrane of water at various times of the day, synchronized to the rising and falling sea level of nearby San Francisco Bay. This perpetual tidal process creates a dynamic, reflective surface that evokes healing and regeneration.

As visitors approach the memorial from the west, the suspended wreath forms a visual and conceptual nexus unifying the Memorial Court, Veterans Building, Opera House, and City Hall. Seen from a distance, it creates a dialogue between old and new. The use of suspension respects Church's original landscape design and the historic architecture of the site. The wreath's suspension cables are anchored near the Veterans Building and the Opera House, bringing the two symbolic buildings into the memorial expression, and creating a visual metaphor for the institutional forces that historically unified to create the memorial itself.

The Veterans Memorial gives light and wind a tangible presence, interlacing monumentality and evanescence. Responding to varying environmental conditions, the dog tags move with the wind and reflect the changing light of the day. The sounds created by the moving dog tags become echoes of remembrance that reverberate throughout the Memorial Court. These poetic chimes continually remind us of the heroic sacrifices made by the servicemen and women of our armed forces from the nation's past and present. At night, the constellation of dog tags seems to float within an inspiring column of light. Thousands of individual luminous beams emanate from the granite plaza, illuminating each dog tag and dramatically linking the suspended wreath to the sacred ground below.

设计灵感来自于花环，花环形态出类拔萃，极具象征意义。在许多文化中，花环代表永恒、不朽和纪念。在军事发展历史上，花环具有特殊的含义：胜利、勇敢、和平。在传统的军队花环敬献仪式上，备受尊敬的花环是神圣之地的象征。悬浮的花环是永久的精神纪念。

在国家老兵纪念广场上，军牌雕塑花环作为一种地标性的标志，悬浮在空中。不接触地面、悬浮在空中的花环，创造出一种强有力的形态，标志着这是神圣之地，有来自世界各地战场上的土壤。通过象征主义和纯粹的雕塑形态，花环界定出一块强有力的场地，供人们沉思哀悼，追忆纪念。镶有金边的军牌，把这种功能性的物体转换成一种回声标志，在市政厅这样的建筑要素和纪念广场大门之间回荡。

作为花环组成部分的军牌，在具象与抽象之间进行转换，可以独自或者形成一个整体让人获得某种体验。这种双重作用，表达了美国军队中个人牺牲与集体牺牲的光荣传统。从个人方面来说，军牌使美国老兵在美国历史上极富个性，在过去和现在之间架起一座桥梁。作为一个整体，军牌包含了强烈的纪念情感。圆形的花环代表连续性，打破时间和空间的限制，与现代军人建立起某种联系。

花环的照明来自下面一个圆形的花岗岩广场，对原有的八角形的托马斯教堂，作为中心要素加以保护。纪念公园环绕着广场的外围。圆环之内，各个照明点透过广场，形成一个环形光圈，与花环相呼应。圆环的中心嵌有钢套，埋葬烈士的土壤安置在这里，并有玻璃文字加以解释。八角形的花岗岩表面，覆盖着一层薄薄

的水膜，水深不断变化，与附近旧金山湾海潮的涨落相一致。这种永恒的潮汐，创造出一种动态的反射表面，促进伤口的愈合与再生。

游客从西边接近广场，在纪念广场、老兵大厦，以及剧院和市政厅之间，通过悬浮的花环，形成一种视觉上和概念上的连接。从远处看，就好像是在新旧之间建立起了某种对话关系。采用悬浮方法，体现了对教堂原有景观设计和场地上历史性建筑的尊重。花环上的悬索锚固点靠近老兵大厦和剧院，使这两座标志性的建筑富有纪念色彩，创造出一种视觉隐喻，象征公众曾经联合起来创建了这个纪念广场。

老兵纪念公园，使光线和风成为可以触摸、可以感知的实体，在纪念与幻灭之间变换。充分考虑了周围的环境条件，军牌可以随风摆动，对一天当中不断变化的光线进行反射。军牌飘动所产生的声响，成为一种纪念回声，回荡在纪念广场上空。诗一般的韵律持续不断地告诫人们：别忘记那些英雄们所做出的牺牲，这些人来自我们国家的武装力量，既有男人，也有女人，既包括过去的，也包括现在的。夜晚，由军牌所构成的星座，似乎飘浮在令人激动的光柱之上。成千上万道光束，从花岗岩广场散发出来，照耀着每一个军牌，把悬浮的花环与下面神圣的土地连接起来，非常引人瞩目。

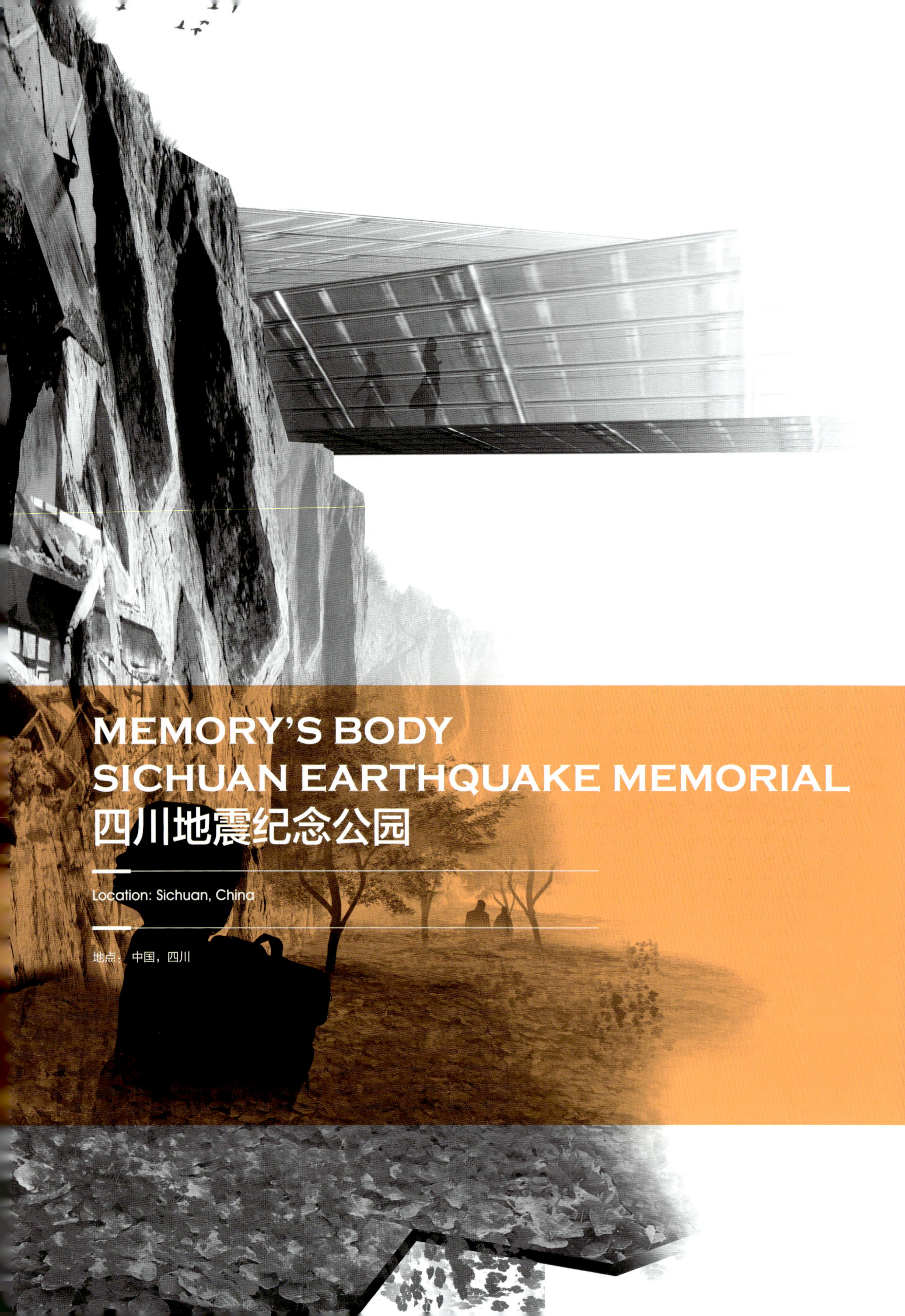

MEMORY'S BODY SICHUAN EARTHQUAKE MEMORIAL
四川地震纪念公园

Location: Sichuan, China

地点：中国，四川

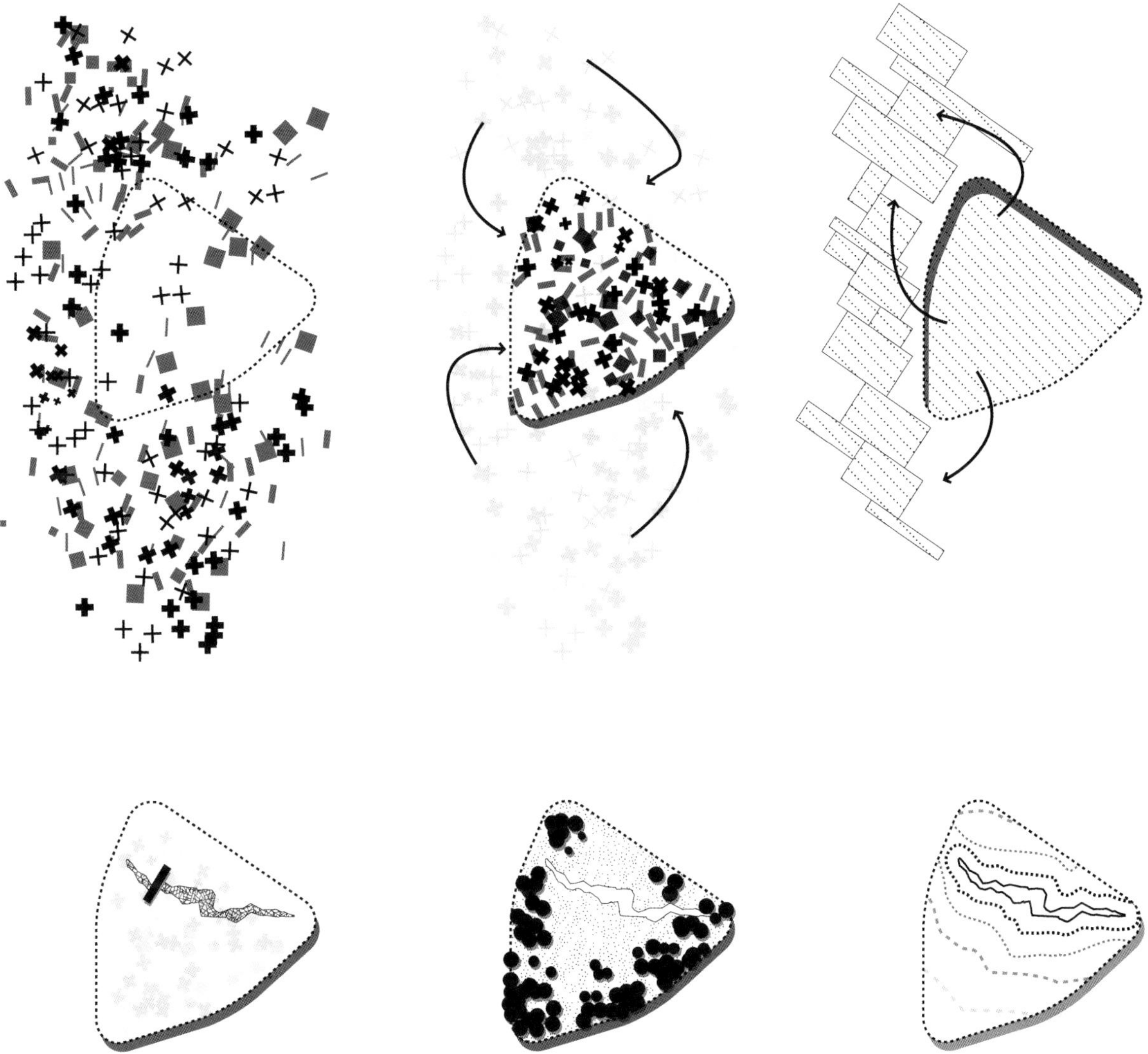

When nature strikes rapidly and meets us, we realize how vulnerable we are.

The Earthquake Memorial embodies the Chinese determination after the injury of the natural disaster. Determination can move Mountains. In a contemporary way, the story from Yu Gong, the old popular tale of the obstinacy and strength of the Chinese people will insufflate a new life. By joining all the energies together, no mountains will here be displaced but the rubbles of the earthquake will be moved and the basis for a new life will be prepared.

The choice of the location is guided by the idea that the constitution of the memory has to be linked with the re-building process. Earthquakes and floods have for centuries tested the relation between Man and nature. The river reminds us directly the strength and violence of nature. The spot chosen for the establishment of a memorial for the earthquake of May 2008 is near the river, where people and nature meet. From the river meander materials (sand, clay, gravel etc.) are extracted to proceed to the re-building of infrastructures, houses, facilities, etc. The site serves in the meantime as a landfill to store the rubbles and ruins created by the event.

As the ruins and the questions of sorrow constitute the body of the memorial itself, the park takes the form of a heap in the meander. But only a crack on the main surface makes the materials visible. Inside the crack, a series of gardens constitutes the place of memory where the disappeared people and the event can be commemorated.

The park is the place where emotions after the disaster find a place: sorrow and mourning, cure, rebuilding and new beginning, hope and memory. The whole site is constituted by the park with flowers, the expression of hope and of a new life. The flowers bloom according to season's cycles; trees with the help of time are growing bigger and stronger. The richness of flowers embodies the image of a civilized nature. The edge of the park, with its crown of tree's plantations refers to the essence and archetype of nature. Undulations in the main topographic surface suggest the aftershocks that were felt after the main event.

The crack in the park is designed in the way that the visitors always have to cross it. A glass bridge over the crack forms the binding element between the city and the river. The bridge looks both strong and fragile at the same time. The re-building process is the strength that launches a bridge over the memory towards hope and renewal.

自然灾害的突然袭击，让我们感到人类是如此的脆弱。

地震纪念公园，表达出自然灾难之后中国人重新站起来的坚强决心。意志和决心可以移山倒海。代表中国人坚强决心和力量的古老的传说——愚公的故事，将被赋予新意，开启新生活。通过汇集各方面的力量，尽管不会把这里的山体移走，但是，地震后的碎石瓦砾将被移走，为未来的新生活奠定基础。

纪念公园位置的选择，建立在这样一种思想之下：纪念公园的组成结构应该与重建过程联系起来。多少世纪以来，地震与洪灾一直是人类与自然之间关系的试金石。河流让我们直接感受到自然力量的强大和凶猛。为纪念2008年5月大地震，纪念公园的选址靠近河边，在这里，人类与自然相遇。沿河冲刷下来的各种材料，包括砂子、黏土、砾石等，挖掘出来，用于基础设施、住房以及其他各种设施的重建。同时，这个场地又可以作为一块填充地段，地震产生的各种碎石瓦砾可以在这里储存。

地震灾难所造成的各种破坏以及由此而引起的各种问题，构成这个纪念公园的主体，因此，公园整体形态呈蜿蜒堆积形式。在主要地段上，设置一道裂缝，使材料可见。在裂缝之内，有一系列的花园，构成纪念场所，对于那些失去生命的人以及这次大地震，可以进行追忆思念。

灾难之后，人们可以在这个公园里表达各种情感：悲痛与哀伤、创伤愈合、重建与新生活的开始，以及希望与怀念等。整个场地上布满开花植物，作为未来希望和新生活的象征。一年四季鲜花盛开，随着时间的推移，树木逐渐高大，逐渐强壮。繁茂的鲜花象征着文明现代的自然。公园的边缘位置，高大树木的树冠象征自然本质。主要地段起伏的地形，代表主震之后的余震。

来公园参观的游客，都得穿过裂缝。裂缝上的一座玻璃桥，把城市与河流这两个要素连接起来。桥梁看起来既结实，又脆弱。重建过程，就是在纪念与希望和再生之间架起一座桥梁。

参考文献

[1] John L. Motloch. Introduction to Landscape Design [M]. John Wiley & Sons, INC, 2001.

[2] Astrid Zimmermann. Constructing Landscape – Materials, Techniques, Structural Components [M]. Birkhaeuser, 2009.

[3] James A. Lagro Jr. Site Analysis – A Contextual Approach to Sustainable Land Planning and Site Design [M]. John Wiley & Sons, INC. 2008.

[4] Leonard J. Hopper. Landscape Architectural Graphic Standards [M]. John Wiley & Sons, INC, 2007.

[5] Franklin Ginn. Death,Absence and Afterlife in the Garden [J]. Cultural Geographies, 2014, Vol. 21(2) 229–245.

[6] Jenny Macleod. Britishness and Commemoration: National Memorials to the First World War in Britain and Ireland [J]. Journal of Contemporary History, 2013, 48(4) 647–665.

[7] Peter H. Hoffenberg. Landscape, Memory and the Australian War Experience, 1915–1918 [J]. Journal of Contemporary History, 2001, 36(1): 111–131.

[8] Dacia Viejo-Rose. Memorial functions: Intent, Impact and the Right to Remember [J]. Memory Studies, 2011, 4(4) 465–480.

[9] Piotr M. Szpunar. Monuments, Mundanity and Memory: Altering 'Place' and 'Space' at the National War Memorial (Canada) [J]. Memory Studies, 2010, 3(4) 379–394.

[10] Nicholas Watkins, Frances Cole, Sue Weidemann. The War Memorial as Healing Environment: The Psychological Effect of the Vietnam Veterans Memorial on Vietnam War Combat Veterans' Posttraumatic Stress Disorder Symptoms [J]. Environment and Behavior, 2010, 42(3) 351–375.

[11] Erika Doss. War, Memory, and the Public Mediation of Affect: The National World War II Memorial and American imperialism [J]. Memory Studies, 2008, 1(2): 227–250.

[12] 魏晗. 当代纪念性建筑外环境设计探讨[J]. 中国勘察设计，2007.

[13] 颜萍. 东西方纪念性建筑的比较——比较南京大屠杀纪念馆与美国华盛顿纳粹大屠杀纪念馆 [J]. 四川建筑，2002：42–43.

[14] 杨至德. 风景园林设计原理 [M]. 武汉：华中科技大学出版社，2011.

[15] 黄鑫. 革命历史纪念性景观的氛围营造研究 [D]. 南京： 南京林业大学，2011.

[16] 裴晓红. 关于纪念性景观的视觉特征解析[J]. 科技创业家， 2012.

[17] 王倩. 基于保护与传承理念的纪念性景观设计研究[D]. 福州：福建农林大学， 2013.

[18] 谢华. 纪念性建筑环境的生态规划[J]. 规划师，1999，15（4）：65–68.

[19] 李开然. 纪念性景观的含义 [J]. 风景园林， 2008，4： 46–51.

[20] 刘滨谊，李开然. 纪念性景观设计原则初探 [J]. 规划师，2003（2）：21–25.

[21] 刘滨谊. 纪念性景观与旅游规划设计[M]. 南京：东南大学出版社，2005.

[22] 裴建钊. 当代纪念性建筑设计手法初探 [D]. 西安：西安建筑科技大学，2010.

[23] 张红卫，王向荣. 漫谈当代纪念性景观设计[J]. 风景园林， 2010，4： 36–42.

[24] 张红卫. 纪念性空间[D]. 北京：北京林业大学，1999.

[25] 罗建平，黄芳燕，李仁斌. 纪念性建筑的象征性表达——贵州习水四渡赤水纪念馆方案构思[J]. 后勤工程学院学报，2008，24（1）： 2–4.

[26] 张文聪. 纪念性建筑的创作研究[J]. 四川建筑，1995，15（1）：42–45.

[27] 张中义. 纪念性建筑空间及其设计表现研究[D]. 西安：西安理工大学， 2010.

[28] 曹式军，马俊峰. 李商隐纪念性公园规划设计探讨[J]. 现代园林， 2013，10（3）：60–65.

[29] 顾菡. 陵园景观设计的主题分析——明孝陵、中山陵、雨花台烈士陵园景观设计比较研究[J]. 艺术百家，2010，117（7）：103–107.

[30] 黄颖. 当代战争纪念性景观情感表达设计研究[D]. 哈尔滨：哈尔滨工业大学， 2012.

[31] 赵洁. 当代纪念性景观设计探析[D]. 北京： 北京林业大学，2011.

[32] 贾昆. 西方当代纪念性景观场所营造解析[D]. 北京：北京林业大学，2013.

[33] 黄燕. 纪念性园林规划设计的研究——以尹昌衡纪念园总体规划为例[D]. 雅安： 四川农业大学，2012.

[34] 王玉石. 纪念性景观设计要素的研究 [D]. 哈尔滨：东北林业大学，2007.

[35] 张隽. 哈尔滨纪念性建筑外环境研究 [D]. 哈尔滨：东北林业大学，2011.

图书在版编目（CIP）数据

纪念性景观设计 / 杨至德著 . -- 南京 ：江苏凤凰科学技术出版社，2014.8
ISBN 978-7-5537-3311-1

Ⅰ . ①纪… Ⅱ . ①杨… Ⅲ . ①纪念建筑－景观设计 Ⅳ . ① TU251

中国版本图书馆 CIP 数据核字 (2014) 第 117496 号

纪念性景观设计

著　　者　杨至德
项目策划　凤凰空间/高雅婷
责任编辑　刘屹立
特约编辑　陈丽新

出版发行　凤凰出版传媒股份有限公司
　　　　　江苏凤凰科学技术出版社
出版社地址　南京市湖南路1号A楼，邮编：210009
出版社网址　http://www.pspress.cn
总 经 销　天津凤凰空间文化传媒有限公司
总经销网址　http://www.ifengspace.cn
经　　销　全国新华书店
印　　刷　利丰雅高印刷（深圳）有限公司

开　　本　889 mm×1 194 mm　1 / 16
印　　张　20
字　　数　281 000
版　　次　2014年8月第1版
印　　次　2014年8月第1次印刷

标准书号　ISBN 978-7-5537-3311-1
定　　价　328.00元（USD58.00）（精）